NCS 적용교육

ALL ABOUT MAKEUP

메이크업의 모든 것

강근영 · 류지원 · 오인영 · 이숙연

메디시인

머리말

급변하는 현대사회에서 메이크업은 문화의 한 코드로 삶의 품격과 질을 중시하는 현대인에게는 빼놓을 수 없는 중요한 부분으로 자리매김하고 있습니다.

특히 인터넷 및 대중매체의 확산과 '한류열풍'으로 한국의 메이크업은 전 세계 트렌드를 리드하며 고부가가치의 산업으로 부상하였고 더불어 수많은 관련 교육자와 메이크업 아티스트들의 노력에 힘입어 학문적으로도 큰 변화와 발전을 이루었습니다.

필자들은 이제까지 출간된 학술적 자료 및 논문, 인터넷과 국내외 잡지에 나타난 최신 트렌드에 맞는 다양한 화보를 실어 메이크업 과목에 대한 대한 이해도를 높이고 학문적 체계를 갖추는데 최선을 다했습니다.

이 책의 구성은 제1장 '메이크업의 이해'에서 메이크업의 정의 및 목적, 기능, 메이크업의 기원 등을 정리하였습니다.

제2장 '메이크업의 역사'에서는 한국 및 서양의 메이크업 역사와 역사를 시대별로 다루었으며, 기존의 책에서 다루지 않았던 2000년대부터 2010년대에 이르는 21세기 메이크업 특징을 정리하여 사진 자료와 함께 심도있게 다루었습니다.

제3장 '메이크업 숍 위생관리 및 기본 도구'에서는 메이크업 작업장 내 위생환경, 아티스트가 메이크업 시술 시 필요한 전반적인 위생과 관리 등 실제적인 사항들을 자세히 설명하였습니다.

제4장과 제5장 '메이크업 디자인'과 '기본 메이크업'에서는 고객 분석과 얼굴형에 따른 수정 메이크업, 메이크업과 빛(조명)을 비롯하여, 기초 제품 사용하기, 베이스 메이크업, 아이브로 메이크업, 아이 메이크업, 치크 메이크업, 립 메이크업 등 메이크업에 필요한 기본적 지식을 체계적으로, 또한 일러스트를 통하여 쉽게 이해할 수 있도록 하였습니다.

제6장 '실전 메이크업'에서는 타임 메이크업, 계절 메이크업, 남성 메이크업, 연령별 메이크업, 한복 메이크업, 웨딩 메이크업 등 실무에 활용도가 가장 높은 메이크업을 국내외 최신 사진 자료를 활용하여 이해도를 높일 수 있도록 구성하였습니다.

제7장과 제8장 '이미지 메이크업'과 '트렌드 메이크업'에서는 이미지의 개념 정의 및 '이미지 분류', 내추럴, 미니멀, 스모키, 달리, 레트로, 글래머러스/럭셔리, 퓨쳐리즘/사이버, 질감 강조 트렌드 메이크업을 최신 해외 전문서적 및 잡지의 사진 자료를 활용하여 이해도를 높이도록 하였습니다.

제9장 '미디어 메이크업의 이해'에서는 미디어의 개념과 유형, 영상 미디어에 대한 이해, 영상 메이크업의 개념 및 특징, 역할, TV 프로그램 제작과정, 제작 스태프와 크루 등 방송직무 전공이론을 비롯하여 방송 분야에서 활동한 오랜 경험을 살려 이해도를 높이고자 하였습니다.

이 책은 그 동안 발전해 온 메이크업 교육과 쌓아 온 실무 경험을 바탕으로 메이크업에 대한 이론을 체계적으로 정리하고자 하였고, 특히 실기의 중요성을 절감하여 주제별 사진 자료 및 일러스트의 활용을 최대화하여 메이크업의 기초 및 실무를 배우는 학생 및 일반인들의 이해도를 높이는데 주력하였습니다.

아무쪼록 이 책이 메이크업을 익히고 실습하는데 있어서 소중한 자료로 활용되기를 바라며, 이 책이 세상에 나오기까지 세심한 편집과 디자인, 원고정리에 정성을 다해 주신 메디시언 임직원 여러분들께 진심으로 감사드립니다.

경자년 새 봄에

저자 일동

차례

차례

Chapter 05 기본 메이크업

Contents

Chapter 06 실전 메이크업

Chapter 07 이미지 메이크업

차례

Chapter 08 트렌드 메이크업

Chapter 09 미디어 메이크업의 이해

Chapter 1
메이크업의 이해

Chapter 1

메이크업의 이해

1. 메이크업의 정의

1. 메이크업의 정의

메이크업은 우리말로 '화장化粧'을 의미하며 사전적 의미로는 '제작하다', '보완하다' 라는 뜻으로 이는 다양한 화장품과 도구를 사용하여 얼굴 또는 신체의 결점을 수정·보완하고 장점을 부각시켜 개성 있고 아름답게 꾸미고 매만지는 모든 행위를 말한다.

16세기 영국의 극작가 윌리엄 세익스피어W. Shakespeare, 1564~1616의 희곡에 '페인팅painting' 이란 용어가 처음으로 등장하였는데, 이는 16세기 이탈리아에서 전래된 짙은 화장을 가리키는 것이었다.

17세기 초 영국 시인 리챠드 크래쇼Richard Crashou는 그의 시 구절에 '메이크업이란 여성의 매력을 높여 주는 행위'라고 하여 최초로 '메이크업'이란 단어를 사용하였다.

프랑스어인 마뀌아즈Maquillage는 원래 분장을 의미하는 연극 용어였으며, 토일렛Toilet은 뜨왈렛뜨Toilette, 화장실가 1540년경 영국에 전해지면서 '화장을 포함한 몸치장 전반'을 가리키는 용어로 통용되었다.

메이크업이란 용어가 대중화된 것은 20세기 미국의 할리우드 전성기에 여배우들의 화장효과가 중시되면서부터 맥스 팩터Max Factor, 1875~1938에 의해 대중화되었다.

우리나라의 경우에는 화장과 화장품은 개화기 이후 일본에서 유입되어 널리 사용되었던 어휘로 가화假化, 가식假飾 등 '거짓꾸밈'의 의미를 내포하고 있으며, 화장이란 '화장품을 바르고 매만져서 곱게 꾸미는 행위'로 '가꾸는 행위와 정도'에 따라 용어가 달랐다.

Tip 화장化粧 용어

- 미용美用: 얼굴 치장 행위
- 담장淡粧: 피부를 희고 깨끗하게 가다듬는 정도의 엷은 화장
- 농장濃粧: 담장보다 짙은 색조화장
- 성장盛粧: 화려하고 야한 색조화장
- 염장艶粧: 짙은 색조화장으로 기생이 가다듬던 요염한 분대화장
- 응장凝粧: 농장과 유사하나 더욱 또렷하게 꾸민 신부화장의 의례 차림
- 야용冶容: 박색을 아름답게 만들거나, 노인을 젊어 보이게 하는 등 억지로 아름답게 꾸미는 분장

※ 공중위생관리법 시행령 제4조 제2항

미용업화장, 분장은 '얼굴 등 신체의 화장, 분장 및 의료 기기나 의약품을 사용하지 아니하는 눈썹 손질을 하는 영업'으로 정의

2. 메이크업의 목적

메이크업은 선천적으로 타고난 얼굴에 '화장품'이라는 제품을 이용하여 얼굴에 시각적인 변화를 줌으로써 개성을 창출하고 외모수준을 향상시켜 주며, 사회적으로 깔끔하고, 세련되며, '호의적이고 긍정적인 인상 형성'을 통한 성공적 인간관계에 도움을 주는 것 외에도 '심리적 안정과 자신감'을 얻기 위한 다양한 목적으로 메이크업이 행해진다.

3. 메이크업의 기능

① **피부 보호의 기능**: 먼지, 자외선, 대기오염 등 외부 유해환경으로부터 피부를 보호한다.

② **미적 기능**: 아름다워지고 싶어하는 인간의 기본적 욕구 충족을 위해 메이크업으로 외모의 결점을 보완하고 장점을 부각시켜 외형적 아름다움을 추구한다.

③ **사회적 기능**: 사회적 관습과 예의의 표현이며 무언의 의사를 전달하고 신분과 직업 등 사회적 위치나 정서를 반영한다.

④ **심리적 기능**: 개인의 성격, 사고방식, 가치추구 방향, 기분, 심리상황 등을 그대로 나타내며 메이크업을 통해 외모에 대한 만족감, 자신감, 안정감을 얻을 수 있다.

4. 메이크업의 기원

1. 장식 및 표식 기능설

원시인류는 자연으로부터 영향을 받아 다양한 색채의 진흙이나 식물의 재료를 사용하여 꽃, 동물 문양 등을 회화나 조각 문신 형태로 피부에 새기는 등 장식적인 목적으로 메이크업이 시작되었다고 보며 가장 신빙성 있는 설로 받아들여지고 있다.

① 집단 리더의 위엄과 권위를 나타낸다.

② 신이나 강한 동물과 같이 되고자 하는 욕구를 나타내기 위함이다.

③ 신체 변형이나 문신 및 채색을 함으로써 성인이 됨을 상징하기도 한다.

④ 원시사회에서 전사들의 전쟁 후 생긴 상처는 용맹의 상징으로써 이를 나타내고자 하였다.

⑤ 사회적 지위, 결혼여부, 종족, 신분, 남녀의 구분 등을 위해 여러 가지 장식으로 표시하였다.

채색에 의한 신체 장식

파푸아 뉴기니족 문신

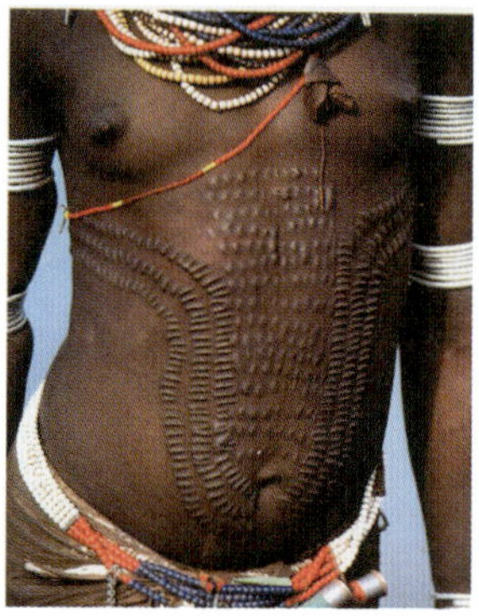
에디오피아의 karo부족 – 여성의 나이, 지위를 알려주는 상흔

신체변형을 위한 장식

2. 이성 유인설

이성에게 매력적으로 보이기 위해서 신체를 장식하거나 가꾸었다고 보는 가설로 인류가 농경사회로 접어들고 정착 생활을 함에 따라 남녀 간의 노동의 분화가 이루어지고, 여성의 아름다운 용모가 중시됨에 따라 이성의 관심을 끌기 위해 문신이나 장신구를 사용하여 얼굴이나 몸에 치장을 하였다.

고대 이집트 네페르티티의 딸

3. 신체 보호설

인간이 위험으로부터 자기 자신을 보호하기 위하여 위장 혹은 은폐를 목적으로 치장을 했던 것이 미화의 수단으로 발전했다는 가설이다.

이집트 시대
안케세나문 왕비가 투탄카문 왕에게 향유를 발라 주고 있는 모습

① 곤충들로부터 피부를 보호하기 위해 향료를 사용하였다.
② 고대 이집트 여인은 강한 바람이나 곤충, 모래, 태양광선으로부터 눈을 보호하기 위해 아이라인을 칠하였다.
③ 원시인류는 적에게 공포감을 주거나 악마로부터 자신을 보호하기 위한 수단으로 몸에 상흔scarring과 문신tattooing을 하였다.
④ 목동과 사냥꾼들은 강렬한 태양으로부터 피부를 보호하기 위해 야생 케스터castor 나무지중해 지역에서 자라는 아주까리의 일종에서 짜낸 기름을 온몸에 발랐다.

4. 종교설

주술적·종교적 행위로 신체를 장식하고, 색상을 부여하거나 향을 이용하여 병이나 재액을 물리치고 복을 비는 행위로부터 메이크업이 시작되었다고 보는 견해이다.

① 이집트는 그들이 숭배하는 신의 제단에 가기 위한 청결의식으로 얼굴에 채색을 하고 향료를 뿌리기도 하였다.

② 부족들이 전승을 기원하기 위해 얼굴에 채색을 하거나, 질병이나 마귀를 쫒기 위해 적색을 사용하였다.

아비도스의 람세스 2세 장례신전 부조
(람세스 2세가 제단 앞에 서 있음)

5. 신분 표시설

사회적 지위, 성별, 나이, 종족, 기혼과 미혼을 구분해 주는 표시 등으로서 메이크업이 시작되었다고 보는 가설이다.

① 인도 여인의 미간의 붉은 점은 기혼 여성임을 나타냈다.

② 얼굴이나 신체의 일부를 채색하거나 특이한 헤어스타일, 목걸이, 귀걸이 등의 다양한 액세서리를 사용하여 절대자의 위엄이나 계급, 신분, 종족을 나타냈다.

인도 여인

마오리 족장(Tamati의 초상, 19C)
– 사회적 지위 표시

Chapter 2
메이크업의 역사

Chapter 2

메이크업의 역사

1. 한국 메이크업의 역사

1. 고조선 시대古朝鮮 時代

우리나라 원시화장의 흔적을 엿볼 수 있는『단군신화』에 의하면, 환웅은 인간이 되기를 원하는 곰과 호랑이에게 100일 동안 햇빛을 보지 않고 어두운 동굴 안에 있으면서 쑥과 마늘을 먹게 하였다고 한다.

쑥과 마늘은 민간에서 널리 행해진 미용법으로 쑥을 달인 물에 목욕을 하고, 짓찧은 마늘에 꿀을 섞어 얼굴에 바름으로써 미백효과 및 기미·잡티·주근깨 등을 제거하였는데, 이를 통해 당시 여성들은 흰 피부를 선호하였던 것으로 생각된다.

부족국가 시대 한반도 동북쪽 만주지방에 살았던 읍루 사람들은 겨울에 돼지기름을 발라서 피부를 부드럽게 하고 동상을 예방했으며, 또 말갈 사람들은 오줌으로 세수를 하여 피부 미백의 수단으로 삼았고, 한반도 중부이남 사람들은 문신을 했다는 기록이 있다.

낙랑의 유물인『채화칠협彩畵漆篋』의 인물상을 보면, 머리가 정돈되어 있고, 이마를 넓히기 위해 머리털을 뽑은 흔적이 뚜렷하며, 눈썹이 굵고 진하게 그려져 있다. 이 점으로 보아서 이 시대는 최소한의 단정한 몸차림이 생활의 기본이었던 듯하다.

채화칠협彩畵漆篋

2. 삼국 시대三國 時代

(1) 고구려高句麗, B.C 37-A.D 668

고구려는 삼국 중 지리적으로 중국과 가장 가까이 위치하여 활발한 교역이 이루어지면서 중국 은나라 주왕 때 사용되었던 연지臙脂가 고구려에 전해져서 4~5세기경 연지 제조 기술이 발달하였으며 이를 계기로 고구려에서 연지 사용이 일반화되었음을 알 수 있다.

① 『쌍영총 고분벽화의 여인상』 : 세 여인은 시녀로 보이며 뺨과 입술에 연지 화상과 오렌지색의 눈 화장을 하고 있다.

② 『삼국사기三國史記』 : 무녀巫女와 악공樂工이 연지 화장을 하고 있다.

③ 『수산리 고분벽화의 귀부인 상』 : 머리에 관을 쓰고 뺨과 입술이 연지로 단장되어 있으며 눈썹화장은 넓게 곡선형으로 다듬어져 있다.

④ 『후한서』 : 남녀 모두 깨끗한 옷 입기를 좋아하며 밤이면 남녀가 여럿이 모여서 배우놀이와 음악을 즐겼다고 한다.

위와 같이 고구려 사람들은 신분과 직업에 따라 각기 치장을 달리하고 나들이 및 의례儀禮 치레를 구별하였으며 고구려인들에게 기초 화장과 더불어 색조 화장까지도 성행하였음을 알 수 있다.

『고구려 쌍용총 고분벽화』
– 여관女官 시녀의 빰과 입술에 연지 화장함

『고구려 수산리 고분벽화』
– 귀부인이 빰과 입술에 연지 화장함

(2) 백제百濟, B.C 18–A.D 660

백제의 화장 문화에 대한 구체적인 내용을 밝힌 기록은 거의 없으며 일본의『화한삼재도회和漢三才圖會』라는 도감을 보면, 화장할 줄 모르고 화장품도 만들 줄 몰랐던 일본인들이 백제로부터 화장품 제조기술과 화장기술을 배워 간 다음에야 비로서 화장을 하기 시작했다는 기록이 있는 것으로 보아서 백제의 화장 기술과 제조기술은 매우 높은 수준이었다는 것을 짐작할 수 있다.

또한, 중국의 문헌에 백제인들의 화장경향은 "시분무주施粉無朱, 분은 바르되, 연지를 바르지 않았다." 라고 기록되어 있는 걸로 보아서 백제인들은 엷고 은은한 화장을 좋아했음을 알 수 있다.

백제시대, 토기합土器盒, 5~6세기
– 식기食器와는 모양이 다르며 화장용 백분白粉을 담았을 것으로 추측됨

(3) 신라新羅, B.C 57-A.D 668

신라는 '아름다운 육체에 아름다운 정신이 깃든다'는 영육일치사상靈肉一致思想이 국민정신의 바탕이 되어 모두 깨끗한 몸과 단정한 옷차림을 추구하였다.

『삼국유사』에 따르면 "신라의 임금이 된 박혁거세는 아름다운 남자였으며 그의 왕비도 빼어난 미녀였다."라는 기록이 있으며, 신라 진흥왕때 화랑花郞과 원화源花 제도가 있었고 사회 지도자로서 미인과 덕망을 갖추고 용모가 수려한 미소년을 뽑았으며, 남자인 화랑들도 귀걸이, 목걸이와 같은 장신구로 치장하고 화장을 한 것으로 보아 일찍이 아름다움에 대한 관심이 매우 높았음을 알 수 있다.

『삼국사기』에 "김유신의 누이 문희가 엷은 메이크업을 하였다."라는 기록이 있으며, 중국 기록에 "신라 여성은 화장이나 눈썹 그리기를 하지 않았다."는 것으로 보아 신라의 화장법은 엷고 섬세한 화장이었음을 알 수 있다.

신라에서는 분을 제조하는 기술이 발달하여 납을 화학 처리한 연분鉛粉이나 백합꽃의 붉은 수술인 산단山丹을 원료로 한 색분 등을 만들어 물에 개어 발랐으며, 눈썹은 나무 재를 물에 섞어서 그렸다.

또한, 불교의 전래와 더불어 청결함이 강조되면서 목욕문화가 대중화되었고 이에 따라 목욕용품이 크게 발달하였다. 쑥탕이나 쌀겨탕을 이용하거나, 팥이나 녹두, 쌀겨 등으로 '조두粗豆'라는 세제를 만들어 사용하였는데 이는 피부미용을 향상시키는 동시에 조두에서 나는 팥 비린내를 제거하기 위한 향유의 발달까지 촉진한 계기가 되었다.

가야 시대, 토기화장합土器化粧盒, 5~6세기
– 여러 가지 화장품을 담았을 것으로 추측됨

(4) 통일신라統一新羅, AD 669-935

삼국을 이어받은 통일신라는 정치적·경제적으로 안정을 이루며 당唐과의 활발한 교류를 통해 이국적이고 화려하게 발달하였다.

『삼국사기』에 문무왕 6년文武王, AD 666년 "부녀의 복장을 당唐의 것과 동일하게 하라"라는 왕명이 있은 후 통일 이전 옅게 했던 화장이 통일 이후 중국 여성들의 화장을 모방하여 색조화장이 짙고 화려해졌을 것으로 추측된다.

통일신라시대, 장식 빗

3. 고려 시대高麗時代, 918-1392

고려의 태조 왕건은 통일신라시대의 정치와 문화를 계승하는 정책을 시행하였고, 국교인 불교와 영육일치사상이 그대로 전승되었다.

국초부터 중국의 '기녀妓女 제도'를 본받아 교방敎坊을 두고 기녀를 제도화함으로써 화장이 더욱 화려해지고 탐미주의 색채가 농후해졌으며 이러한 사회적 제도는 여성 화장의 이원화二元化를 가져왔다.

즉, 기생을 중심으로 한 짙은 화장인 '분대화장粉黛化粧'과 그에 대한 반작용으로 여염집 여성을 중심으로 한 옅은 화장인 '비분대화장非粉黛化粧'으로 이원화되었다.

『고려사 절요高麗史節要』에는 "고려 부인들은 몸치장에 있어 얼굴에 바르는 것을 좋아하지 않아 분만 바르고 연지를 쓰지 않았으며, 버들잎 모양의 가늘고 아름다운 눈썹만 그렸다."는 기록이 있다.

송나라 사신 서긍徐兢, 1123년에 왔음은 『고려도경』에 "고려 귀부인들은 향유 바르기를 좋아하지 않고 분은 바르되, 연지를 즐겨 바르지 않았다."라고 하였다.

이러한 기록에 의하면 고려시대 여인들의 화장경향은 주로 분을 많이 사용하였고, 눈썹은 정교하게 그렸으며, 연지는 사용하지 않고, 엷고 은은한 화장을 하였음을 알 수 있다.

이 시기에 손이나 얼굴에 발랐던 액체 상태의 화장품인 면약요즈음의 영양 크림이나 밀크로션의 중간상태로 추측이 널리 사용되었고, 모발 염색이 서민 사회에까지 크게 유행되었다고 한다.

Tip

분대화장粉黛化粧

분과 눈썹먹을 사용하여 '분대화장'이라고 지칭하였다.

① 얼굴은 창백해 보일 만큼 하얗게 분을 많이 발랐다.
② 눈썹은 가늘게 다듬어서 또렷하게 그렸다.
③ 입술은 붉게 연지를 발랐다.
④ 볼은 복숭아 색을 띠게 하였다.
⑤ 머리는 윤기가 흐르도록 기름을 발랐다.

『고려 시대-청동접시, 12C』
- 분을 반죽하던 청동 접시

『고려 시대, 12C 중엽』
- 청자상감투각구갑문상자靑瓷象嵌透刻龜甲文箱子
- 다섯 개의 화장품 용기가 들어 있음

4. 조선 시대朝鮮時代, 1392-1910

조선시대 유교사상이 지배하면서 여성의 외적인 아름다움보다는 내면의 아름다움이 더욱 강조되어 여성의 화장을 부도덕한 행위로 간주하였다. 이러한 사회적 경향은 화장의 세분화를 가져와서 '여염집 여성들의 화장비직업 여성'과 기생, 궁녀직업 여성 등 특수층 여성들의 '의식 화장'으로 이원화되었다.

『조선왕조실록朝鮮王朝實錄』에 의하면 일반 상류층 여인들은 평상시에는 화장을 하지 않고, 손님을 맞을 때나 특별한 나들이 때만 엷은 화장을 하였으며, 일반 여염집 여인들은 기녀로 오해 받는 것을 우려해서 엷은 화장을 하였다고 한다.

즉, 여염집 여성들의 경우 얼굴에 분을 바르고 눈썹과 연지를 그리되 본래의 생김새를 바꾸지 않은 범위 내에서 아름답게 가꾸도록 하였으며, 화장한 모습이 화장하기 전보다 확연하게 달라 보이면 '야용冶容'이라 하여 경멸하였다.

혼례식 때는 하얀 분을 두껍게 바르고 양 볼에 연지와 이마에 곤지를 찍고, 입술 연지를 짙게 바르는 등 화려한 화장을 하였으며 일반 여성들의 화장도 세분화되었다.

조선 말엽에는 복숭아 색 분을 사용함으로써 흰 분을 사용하는 기녀와 구분되고자 하였으며, 이는 직업 여성으로 오해 받지 않으려고 화장을 애써 기피한 것으로, 분대화장은 더욱더 기생 화장의 상징이 되었다.

『조선왕조실록朝鮮王朝實錄』 연산군燕山君 일기에 따르면, 조선시대 장악원掌樂院을 만들어 전국의 기생들을 미모에 따라 3등급으로 나누었으며, 얼굴은 하얗게 분을 바르고, 초승달 같은 눈썹을 그리고, 붉은 입술 연지를 바르는 '분대화장'을 적극 장려함으로써 국가의 정책적 지원을 바탕으로 기생, 궁녀 등 특수층 여성의 분대화장은 더욱 발달되었다.

이 시기 여성백과격인 『규합총서閨閤叢書』에는 "겨울에 얼굴이 거칠어지고 터지는 데에 달걀 3개를 술에 담가 새지 않도록 두껍게 봉한 뒤에 한 달 정도 두었다가 얼굴에 바르면 트지 않을 뿐더러 윤이 나고 피부가 옥같이 희어진다."라고 기록되어 있으며, 이 밖에도 두발의 형태, 입술 그리는 방법, 눈썹 그리는 방법 외에 여러 가지 향 및 화장품의 제조 방법이 수록되어 있는 것으로 보아서 웬만한 가정에서는 직접 화장품을 만들어 사용했음을 알 수 있다.

의인소설擬人小說인 『여용국전女容國傳』은 여성의 화장을 국가정치에 비유하여 권장하고 있으며, 화장품과 화장기구가 20종이나 등장하는 것으로 보아서 우리나라 여성들이 여러 가지 화장품과 화장도구를 이용하여 화장했음을 알 수 있다.

숙종肅宗, 재위:1674~1720 연간에 화장품 행상인 '매분구賣粉構'가 존재하였고, 이 외에 육의전六矣廛, 조선시대 나라에 필요한 물품을 공급하던 여섯 종류의 큰 상점 가운데 '분전粉廛, 화장품 전문 상점'은 백분을 취급했던 점포로 이와 같이 전문상점이 여러 가지 화장품과 화장도구를 취급했던 것으로 보아 조선시대 화장품의 생산·판매가 산업화할 조짐을 보일 정도로 다양하게 대량 소비되었던 것으로 여겨진다.

Tip 조선 시대 미의식의 이원화

① 아내, 며느리로서 이상적인 여인상으로 '지智, 덕德, 체體가 삼위일체를 이루고, 얼굴은 둥글고 야위지 않았으며, 살빛은 희고, 인중은 길고, 흉터나 잡티가 없고, 입술은 붉고, 머리숱이 검고 많으며, 전체적인 골격이 건강한 여인'을 선호하였다.

② 그 반면에 소실이나 기생 등의 미인상으로는 '옥같이 흰 살결, 가늘고 수나비 앉은 듯한 눈썹, 구름을 연상시키는 숱 많은 머리, 복숭아 빛 뺨, 앵두 빛 입술, 박속처럼 흰 이, 가는 허리의 여성'을 선호하였으며 신윤복의 『미인도』에 잘 나타나 있다.

즉, 정실부인으로서의 여성에 대해서는 화장에 대한 부정적 인식을 나타낸 반면, 기생 신분의 여인들에 대해서는 분대화장을 허용함으로써 남성 중심의 가부장적 체제하에서의 이중적 성 윤리관이 화장 문화 형성에까지 영향을 미쳤다고 볼 수 있다.

『하연부인상河演夫人像』
– 조선 시대 부잣집 맏며느리 감으로서 최고의 여인상

『신윤복申尹福, 미인도』
– 조선 시대 남자들이 이상적으로 여겼던 미인상

5. 근대 개화기近代 開化期 ; 해방 이전

강화도 조약1876 이후 우리나라는 문호를 개방하면서 '신식 화장법'과 화장품이 물밀 듯 밀려들었다. 초기에는 주로 일본과 청나라로부터 유입되었으나 한일 합방이후 1920년부터는 유럽 수입 선을 통해 크림·백분·비누·향수 등이 들어왔으며, 포장과 품질이 우수하고 사용법이 간편하여 여성들로부터 대단한 인기를 끌었다.

이와 같이 수입 화장품의 유입으로 수입 화장품을 이용한 신식 화장법이 도입되어 피부에 분을 뽀얗게 바르고, 입술연지의 색깔이 진해지고, 향수와 비누의 향내가 강해졌다.

이러한 신식화장법은 신식 교육을 받고 서구문화를 받아들인 신여성들에 의해 유행되었으며, 쪽머리를 퍼머 머리로 바꾸고 치마와 소매길이를 짧게 하고 뾰족 구두를 신고 양산을 받쳐 든 맵시 있는 모습으로 치장하였으며, 이들의 화장과 옷차림은 기생과 접대부들 사이에서 유행이 되었으나 일반 여성들에게는 반발과 기피의 대상이 되었다.

이는, 종래 기생 등 직업 여성의 치레와 일반 여성의 치레 구분을 더욱 심화시키는 결과를 가져왔으며, 일반 여성들의 경우에 신식 화장품을 사용하였지만, 전통 화장법을 고수하여 약간의 분을 사용하여 엷고 깨끗하게 피부 표현을 하고 입술 연지도 연하게 하는 등 색조화장이 종전보다 더욱 엷어졌다.

이와 같은 수입 화장품의 인기는 우리나라 화장품의 산업화를 촉진시키는 자극제가 되어 1916년에 종로구 연지동에서 가내 수공업으로 제조되기 시작한 '박가분朴家粉'이 품질 개량과 포장 개선을 꾀하여 1922년 관허官許 제1호로 정식 제조허가를 받았다.

1930년대 태평양화학 창설자 서대근서성환의 부친은 '창성당'이라고 이름 짓고 가내 공업으로 '구리무크림의 일본식 발음' 등을 제조해서 팔았으며, 영어 이름으로 'Tai Pyung Yang태평양'을 썼다.

박가분朴家粉

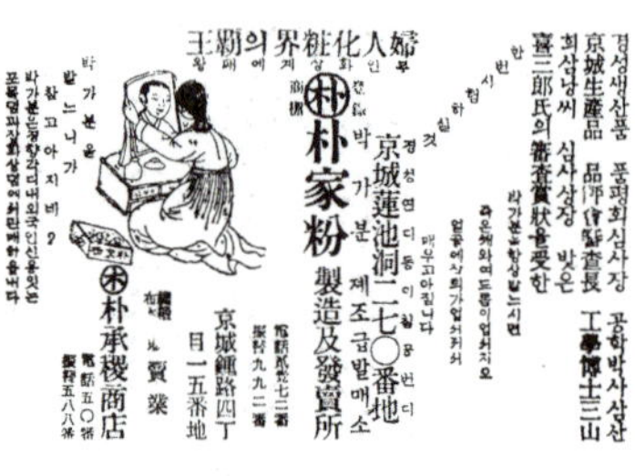

동아일보에 게재된 박가분 광고문안1922.03.05

6. 해방 이후 ; 현대

(1) 1940년대

1945년 8월 15일 해방을 계기로 일제치하에서 화장품 제조업에 종사하던 다수의 조선인이 〈조선화장품협회〉를 창설하고1949년 〈대한화장품공업협회〉로 명칭 변경 화장품 제조업을 지속하였다.

미군정 치하에서의 화장품 산업은 완전히 자유화되었으며, 제조는 인체와는 무관하다고 여겨 품질 및 시설 관리·허가를 전혀 받지 않았고, 1950년 6.25 전란이 일어나기 전까지 99개소보사부 집계로 폭증했으며, 자유화 바람으로 물건이 없어서 못 팔 만큼 호황을 누렸다.

특히 동보 화학의 '동보 구리무크림의 일본식 발음'는 화장품 업계를 휩쓸 정도로 매우 인기가 있었다.

1920년대 기생 김영월

1920년대 일제강점기 시대
성악가, 가수, 배우 윤심덕1897~1926

(2) 1950년대

1950년대 6.25 전쟁 이후 수입화장품, 밀수화장품, 미군 PX 유출품 등 서구문명이 범람하면서 화장 문화에 대한 의식 변화가 시작되었으나, 기초지식 부족으로 서구식 화장을 단순히 모방하는 차원이었으며, 영화 '로마의 휴일'의 여주인공 오드리 햅번Audrey Hepburn, 1929-1993 스타일이 유행하였다.

표 2-1 1950년대 메이크업

피부 메이크업	• 콜드크림의 사용으로 윤기가 흐르고 번들거리는 화장법 유행 • 흰 피부를 선호하여 핑크 계열의 밝은 피부 표현과 다량의 백분을 사용함 • 얼굴 윤곽을 강조한 인위적인 입체 화장
아이 메이크업	• 눈썹: 굵고 진한 눈썹 • 아이섀도: 입체적 눈 화장 • 길고 선명한 아이라인과 긴 속눈썹
립 메이크업	• 핑크 계열

1958년 8월호, 〈화장계〉 잡지

1957년 8월호, 〈아리랑〉 잡지

(3) 1960년대

1960년대는 화장품 산업기반 구축기로, 여성들의 미의식에 대한 관심이 높아지면서 기초 화장을 중심으로 한 피부표현에 중점을 두었으며, 크림·백분·고형스틱타입의 입술 연지, 아이섀도, 마스카라 등 메이크업 제품이 본격적으로 개발되기 시작하였고 파운데이션의 수요가 늘면서 우리나라 여성의 피부색에 알맞은 오크oak색 계열의 파운데이션이 개발·사용되었다.

서구여성의 뚜렷한 이목구비 형태를 선호하여 얼굴의 윤곽과 눈, 코, 입을 강조한 입체 화장과 프랑스 여배우 브리지트 바르도Brigitte Anne Marie Bardot, 1934–의 반항적이며 섹시한 메이크업이 유행하였다.

표 2-2　1960년대 메이크업

피부 메이크업	• 하얀 분 화장에서 탈피해 자연스럽고 광택 있는 피부 표현 • 얼굴 윤곽과 눈, 코, 입을 강조한 입체화장
아이 메이크업	• 눈썹: 굵고 진한 눈썹 • 아이섀도: 녹색, 파랑색 계열의 눈 화장 • 아이라인: 길고 끝이 올라간 형태의 두껍고 진한 아이라인과 과장된 인조 속눈썹
립 메이크업	• 오렌지, 브라운 등 자연스러운 색상에 립글로스를 덧 발라 육감적 모습 강조

1963년 1월호, 〈난초〉 잡지

1962년 12월호, 〈화장계〉 잡지

(4) 1970년대

1970년대는 화장품 산업의 성장기로, 고도의 경제성장과 TV, 신문, 잡지 등 매스미디어의 보급, 여성의 사회진출로 소비성향이 증가하였다.

71년 국내 최초로 메이크업 캠페인이 시작되어태평양 메이크업의 필요성을 부각시키고 색조화장을 계몽하는 등 화장품 회사의 '메이크업 제품 캠페인이 대중화'된 시기로 여성 잡지에 입술과 눈의 형태, T.P.O에 따른 화장법이 소개되었으며, 아이섀도의 색채가 다양해졌다.

피부 타입별, 연령별, 계절별 제품이 개발되고 제품의 안정성과 노화방지를 위한 기능성 제품을 사용하였으며, 하이라이트와 노즈 섀도, 얼굴의 윤곽을 강조한 입체화장이 생활화되었고, 70년대 중반에는 동양인의 얼굴에 맞는 자연스러움이 강조되었다.

표 2-3　1970년대 패션 & 메이크업

구분	내용
패션 경향	• 히피 룩, 유니섹스 룩, 미니, 미디, 맥시, 판탈롱 슈트 • 블루진, 디스코 룩, 펑크 룩
피부 메이크업	• 얼굴 윤곽과 하이라이트, 눈, 코, 입을 강조한 입체화장이 생활화
아이 메이크업	• 눈썹: 아치형태의 섬세하고 가는 눈썹 • 아이섀도: 펑크패션으로 청회색 눈 화장 • 아이라인: 길게 꼬리를 뺀 형태의 눈매를 강조한 아이라인 • 인조 속눈썹 사용
볼 메이크업	• 볼 화장으로 윤곽수정 및 여성스러움 강조
립 메이크업	• 오렌지, 브라운 등의 자연스러운 색상에 립 글로스를 덧 발라 육감적 모습 강조

1972년 2월호
〈향장〉 잡지

1974년 겨울 메이크업
(뷰럭스 보나르)

1976년 가을 메이크업
(뷰럭스 보나르)

1978년 가을 메이크업
(뷰럭스 보나르)

(5) 1980년대

교복 자율화, 80년 8월 컬러 TV방송 개시, 86년 아시안 게임, 88년 서울 올림픽, 패션 전문잡지의 발간, 해외여행 자유화 및 수입자유화 개방정책 시행, 여성의 사회진출 증가와 여권신장 등으로 과감한 연출 및 개성적 자기표현이 두드러졌다.

80년대 초반 메이크업 경향은 이전보다 색감이 진한 것이 특징으로 눈 주위를 강하게 표현하였고, 검정색의 짙은 눈썹, 원색의 빨강, 분홍, 주황색 립스틱, 브라운 계열의 아이섀도 사용으로 '보이시boyish한 이미지 메이크업'이 유행하였다. 또한, 디스코의 유행으로 펄이 들어간 메이크업을 함으로써 화려함을 강조하였다.

80년대 후반에는 오존층의 파괴가 사회의 주된 문제로 부각되면서 메이크업 색채보다는 자외선으로부터 피부를 보호하는 것에 더 관심을 갖게 되었고, 자연스럽고 청초하며 여성스러운 메이크업과 바쁜 커리어 우먼을 위한 트윈 케이크twin cake, 파운데이션과 파우더 기능이 합쳐진 제품가 출시되어 인기를 모았다.

표 2-4 1980년대 패션 & 메이크업

패션 경향	• 클래식 룩, 네오 로맨티시즘, 캐주얼 룩, 앤드로지너스 룩 • 여피 룩, 스포츠웨어 룩, 에콜로지 룩, 오리엔탈 룩
피부 메이크업	• 깨끗하고 밝은 피부 표현
아이 메이크업	• 눈썹: 짙고 두꺼운 형태 • 아이섀도: 디스코 춤의 영향으로 황금색과 노란 펄 섀도 위에 무광택의 자주, 오렌지색으로 깊이감 있는 눈매 강조 • 아이라인: 액상 형태 사용으로 강한 느낌도 있었으나 일반적으로 펜슬의 사용으로 자연스러움 표현함 • 인조 속눈썹이 사라지고, 마스카라 사용으로 세련미 증대
볼 메이크업	• 코럴coral, 핑크와 오렌지색의 중간색 색상 유행
립 메이크업	• 코럴 색상, 빨간 색상 유행

1982년 가을 메이크업
(아모레 부로아)

1985년 10월호
〈향장〉 잡지

1985년 봄 메이크업
(아모레 나그랑)

1989년 봄 메이크업
(아모레 탐스핀)

(6) 1990년대

국민 교육수준의 향상, 고도 산업사회 및 정보사회 국가형태로 이행되면서 삭막해진 물질문명을 비판하고 과거시대를 그리워하며 이성보다 감성을 중시하였다. 획일적 문화양상에서 벗어나서 자기의 주장을 드러내는 신세대, X세대구속과 관념에 얽매이지 않고 자유롭게 생각하고 행동하며, 자기중심적이고 소비에 민감한, 컴퓨터와 인터넷 세대 중 나이가 많은 연령층, 미시족 등 다양한 문화적 현상이 나타났다.

인터넷의 급속 확산으로 세계 조류가 비슷해질 정도로 국제화가 이루어졌고 잡지, TV, 신문 등 대중매체의 확산으로 인기 연예인들에 의한 스타패션이 나타났으며, IMF로 인한 경기침제로 소비위축 현상과 함께 소비의 개성화, 다양화, 차별화를 강조하는 형태로 바뀌었다.

대중매체의 영향으로 여성들의 메이크업이 더욱 개성화, 다양화되었으며 토털 패션 개념이 일반화되어 의상 색상에 맞는 메이크업을 함으로써 메이크업에 가장 많은 변화가 이루어진 시기다.

환경오염에 대한 심각성이 부각되면서 자외선으로부터 피부를 보호하는 UV화이트닝 기초 제품이 본격적으로 출시되었고, '에콜로지ecology', '에스닉ethnic', '포스트모더니즘post-modernism' 등 복고풍 영향으로 자연스러운 피부표현과 베이지, 오렌지, 브라운 등 자연친화적 컬러의 아이섀도가 주류를 이루었다.

93년대에는 아치형 눈썹에 입술 라인을 강조하였으며, 마몽드mamondee의 '밍크브라운mink brown' 립스틱이 대단한 성공을 거두었다.

96년대에는 복고풍 영향으로 관능적이고 섹시함을 표현하기 위해 짙은 아이라인을 강조하였다.

97년대에는 미니멀리즘과 낭만주의의 영향으로 복고풍이 유행하였으며 파스텔 색상, 갈색이 인기를 끌었다.

98년대에는 낭만주의, 민속풍의 유행으로 자연스러운 메이크업과 장밋빛 볼터치, 펄이 많이 들어간 부드러운 색조가 유행하였다.

99년대에는 세기 말에 대한 두려움과 밀레니엄 시대에 대한 희망이 혼재된 분위기가 메이크업에 반영되어 여러 가지 형태의 메이크업이 나타났다. 투명감을 강조한 피부표현, 펄을 함유한 아이섀도, 블러셔, 광택감 있는 립 메이크업, 창백한 피부표현에 반짝이는 아이섀도, 눈꼬리를 강조한 아이라인, 풍부한 마스카라, 광택감 있는 립 메이크업 등 다양한 메이크업 스타일이 나타났다.

표 2-5 1990년대 패션

패션 경향	• 란제리 룩, 에콜로지 룩, 로맨틱 룩, 그런지 룩, 밀리터리 룩 • 40년대 글래머 룩, 페미닌 스타일, 에스닉 룩, 젠더리스 룩, 스포티 룩, 젠 스타일

1993년 가을 메이크업
(마몽드-밍크 브라운)

1996년 봄 메이크업
(라네즈-섹시 No.1)

1997년 봄 메이크업
(라네즈-물꽃 요정)

1999년 여름 메이크업
(라네즈-밀키웨이)

(7) 2000년대

21세기에 들어 가장 강력하게 전이되고 있는 시대정신은 바로 '세계화globalization: 全地球化'라는 용어로 요약할 수 있다.

1980년대 이후 지구촌global village 혹은 지구촌 이야기global talk와 같은 '세계화'로 확산되어 나타났다.

패션에서는 차용성과 유희성, 초역사주의, 지역성과 문화를 절충 혼합한 혼합주의, 아시안 에스닉 룩, 다국적 이미지의 에스닉 룩 등으로 나타났다.

'외모지상주의'와 제품 선택 시 개인의 삶의 가치에 영감을 주는 '감성소비현상', '동안童顔, 상안:중안:하안:1:1:0.8열풍'이 나타났다.

웰빙well-being과 건강에 대한 인식이 높아져서 식물성 화장품을 선호하였으며, 화장품 회사는 한방 화장품을 출시하여 많은 인기를 끌었고, 2005년부터는 한류열풍으로 우리나라 연예인들의 패션, 헤어, 메이크업 스타일이 아시아 주변국에 트렌드로 자리매김하였다.

2000년대에는 '신자연주의Neo-Naturalism, 손대지 않은 원래 그대로의 모습보다 더 자연스러워 보이도록 연출하는 뷰티케어', '하프타임 빌더Half Time Builder, 제2의 인생을 위해 자기개발에 헌신하고 투자하는 그룹', '엑티브 에이징Active Aging, 적극적 노화, 나이를 먹는 것에 대해 적극적으로 대처' 등의 신조어가 탄생하였다.

매트matt, 펄pearl, 글로시glossy 등의 다양한 질감의 등장과 비비드vivid, 브라이트bright, 뉴트럴neutral 등의 다양한 컬러 톤, 핑크, 민트, 오션 블루 등의 다양한 색상을 이용한 메이크업이 시도된 시기로 누드, 물광, 스모키smoky, 레트로retro 메이크업이 유행하였다.

표 2-6　2000년대 패션

패션 경향	• 차용성, 유희성, 다국적 에스닉 룩, 아시안 에스닉 룩오리엔탈리즘

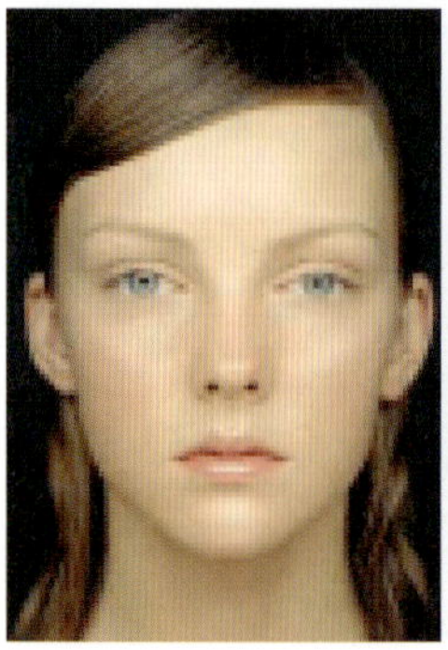

생얼 메이크업
2008. Style.com

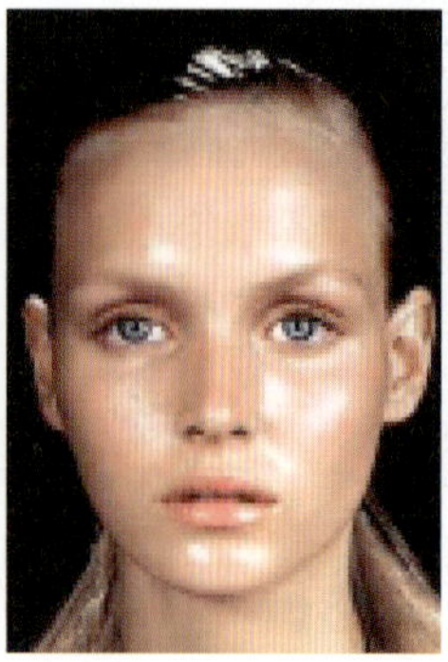

물광 메이크업
2008. Style.com

윤광 메이크업(Vogue Korea 2007)
2008. Style.com

스모키 메이크업
2009. 8월호, Allure

레트로 메이크업
2018. 1월호, Elle, Lancom

(8) 2010년대

2010년대 초중반부터 후반에 이르기까지 전 세계적으로 새로움을 줄 수 있는 창의적인 디자인의 개발이 요구되는 현대 패션에서 역설적으로 과거 시대나 문화를 반영한 스타일이 레트로Retro 패션으로 나타났다.

레트로 패션은 과거 스타일을 그대로 재현하는 것이 아니라, 현대 소비자들에게 맞는 동시대성을 가질 수 있도록 '재창조되는 것'을 말한다.

2010년대 레트로 패션의 표현 특성은 스타일의 재해석, 아이콘의 재해석, 감성 재현, 절충과 융합으로 나타났다.

① **원형과 아이콘의 현대적 재해석** : 다이애나 황태자비, 엘튼 존 스타일
② **스타일의 재해석** : 60년대 미니스커트와 부츠, 70년대 팬츠 수트룩, 글램 스타일, 80년대 파워 수트, 스포티 스타일, 90년대 힙합 스타일 등
③ **감성 재현** : 소재, 기법, 음악, 런웨이 배경 등 '아날로그 감성' 재현
④ **절충과 융합** : 다양한 시대와 문화 스타일을 절충, 융합, 맥시멀리즘maximalism 미학 표현

위와 같이 2000년대는 미학적, 감성적으로 흥미로운 과거 회상 및 감성의 재경험이나 과거와 현재를 연결함으로써 세대 간 공유 및 패션의 역사와 유산의 가치를 존중하고 개성을 표출하였음을 의미한다.

2010년대 초반에는 '동안童顔 열풍'과 미디어의 변화, 자기표현 욕구 등으로 인해 피부 질감과 색감을 강조하는 '물광, 빛광, 윤광 등의 글로우glow 메이크업'과 '도자기결 메이크업'이 유행하였다.

이를 표현하기 위해 메이크업 베이스의 제형과 성분이 다양해지고 프라이머primer와 비비 크림blemish balm의 사용량이 급증하였으며 보습이나 영양 유액, 미네랄 워터와 미네랄 파우더, 액상 타입의 브라이터brighter를 이마와 콧등, 턱에 살짝 발라주는 메이크업, 브러시를 활용하는 화장법이 유행하였다.

2010년대 중반에는 깨끗하고 내추럴한 피부 표현에 중점을 두고 눈매와 얼굴의 윤곽을 그윽하게 나타낸 음영 메이크업이 유행하였다. 그리고 2010년대 후반에는 촉촉하고 윤기가 흐르는 피부 메이크업, 아이섀도, 아이라이너, 립스틱에 중점을 두는 포인트 메이크업과 복숭아, 살구, 자몽 컬러 등을 사용한 '과즙 메이크업fruit juice'이 유행하였다.

표 2-7　2010년대 패션

패션 경향	• 레트로Retro & 뉴트로Newtro • 시대별 패션 아이콘 스타일의 현대적 재현 • 시대 스타일의 재해석 • 과거 아날로그 감성의 재현 • 시대 스타일이나 문화의 절충과 융합

2013년 10월, Sure

2016년 5월, Elle

2019년 1월, Beautiful

2. 서양 메이크업의 역사

1. 고대 이집트 시대Acient Eygpt, B.C. 3,200~B.C. 332

이집트의 지리 및 기후 조건과 종교, 신분제도가 이집트 메이크업 역사에 큰 영향을 미쳤고, 현존하는 벽화와 파피루스 그림들이나 고고학 발굴품들을 통해 그 특징을 확인할 수 있다.

강렬한 햇빛과 건조한 사막의 모래바람으로부터 신체를 보호하고 상처를 치료하기 위해, 이집트인들은 몰약과 계피를 섞어 만든 피부연고제를 비롯하여 몰약과 삼나무의 수액을 섞어 만든 피부보습제를 사용하였다. 또한, 화산지대에서 흘러들어온 나트론natron, 천연탄산소다 성분이 침전된 나일 강의 진흙을 몸에 문질러 각질을 제거하였다.

고대 이집트인들은 짙은 아이라인 메이크업을 했는데, 그 이유도 자연환경과 깊은 관계가 있었다. 아이라인 메이크업은 '눈물샘'을 자극하여 사막이라는 자연환경에서 감염을 방지하고 눈을 보호하였으며, 눈 주변을 검게 칠함으로써 햇빛을 흡수하여 눈부심을 막아주는 효과가 있었다. 이 당시에는 아이라이너로 코올을 사용하였는데, 코올은 납 성분의 갈레나galena, 방연석나 은백색 중금속인 안티몬antimon, 휘안석 가루를 동물성 기름과 섞어서 만든 검정색 옛날식 아이라이너이다. 이집트인들은 코올Kohl을 사용하여 눈 가장자리를 풍요와 다산을 상징하는 물고기 모양으로 길게 늘여 진하게 칠하였다. 아이브로eyebrow 메이크업도 코올로 짙고 두껍게 검정색을 칠하였고, 아이섀도 메이크업은 구리 성분의 녹색 돌인 말라카이트malachite, 공작석 가루로 청 녹색 색조를 연출하였다.

> *Tip*
>
> **코올을 이용하여 눈화장을 한 이유**
>
> ① 아름답게 꾸미기 위함
> ② 곤충을 쫓고 강렬한 태양광선으로부터 눈을 보호하기 위한 수단
> ③ 눈부신 태양 아래에서 반사광을 줄여 사물을 제대로 보기 위함

연지는 붉은 황토색ocher 흙을 양 기름에 반죽하여 붓으로 발랐으며 입술은 빨갛게 칠하였다. 이집트에서 출현하여 오늘날까지 계속 사용되는 메이크업 재료는 헤나henna로 관목식물 라소니아*lawsonia inermis*의 잎과 뿌리에서 추출한 적갈색 염료이며 주로 머리카락을 염

색하는 데 사용하였고 손톱과 발톱에 칠함으로써 손·발톱을 보호하는 의학적인 기능도 갖고 있었다. 꽃 부분에서 추출한 주황색 즙은 향수 재료로 사용되었다. 클린싱 크림은 식물성 기름과 라임, 향수를 섞어 만들었다.

머리위에 얹은 향료뿔
- 지방으로 굳힌 향료뿔이 체열로 천천히 녹아내려 향료가 피부에 스며들었음

네페르티티 여왕

고대 이집트인의 눈썹과 아리라인

2. 그리스 시대Greece, B.C. 1000~B.C. 146

오늘날의 코스메틱스cosmetics는 '아름답게 꾸미는 행위'라는 뜻의 그리스어인 코스메티코스kosmetikòs에서 유래했다. 코스메티코스는 '질서'를 뜻하는 코스모스kòsmos에서 파생한 말로 이는 '조화와 질서'가 코스메틱스의 근본임을 드러낸다. 고대 그리스에서 화장을 의학적 보호수단으로서 행해지는 경우는 '코스메티케 테크네'로, 과도한 장식적인 화장의 경우는 '코모티케 테크네'로 나누어 구분하였다.

고대 그리스에서는 이집트에 비해 여성들의 색조화장이 발달하지 못했는데 이는 인공적인 아름다움보다 자연 그대로의 꾸밈 없는 인체미를 강조하는 고전기 그리스의 문화적 전통과 남존여비의 사회구조로 인한 여성의 낮은 지위 때문이었다.

정숙을 미덕으로 삼는 사회에서, 특히 가사 일을 전담하는 일반 여성들은 기초적인 피부 손질 외에 거의 메이크업을 하지 않았고 할 이유도 없었다. 최상류층 여인들이나 궁정 여인고급 창부들이 화장품을 주로 사용하였는데, 이들의 메이크업은 대체로 이집트에서 전래된 것이었지만, 이집트 여인들보다 더 정교한 편이었다. 하얀색 납 분을 짙게 칠한 얼굴에 붉은색 볼 연지와 입술 연지를 사용하여 피부를 장밋빛으로 만들었으며, 미간을 좁게 보이도록 하려고 눈썹을 길고 검게 칠하고 인조 속눈썹을 달기도 하였다.

피부를 하얗게 하는 하얀색 납 분이 기본적인 화장재료였으며, 입술과 볼에 바르는 색조 화장재료로 식물 뿌리에서 추출한 붉은 색 염료와 주황색 납 분이 사용되었다. 속눈썹과 눈썹은 검정색 안티몬 가루를 얇게 발랐으며, 몸에는 라벤더를 사용하고 얼굴에는 장미 향유를 발랐다.

그리스 여인의 조각상

그리스 여시인 아르키로코스

화장코모티케 테크네을 한 그리스 여인

3. 로마 시대Roma, B.C. 8세기~A.D. 5세기

카르타고와 치른 두 차례의 전쟁에서 승리함에 따라 지중해 세계의 주인으로 로마가 부상하였다. 전통적인 농업국가에서 수많은 속주들을 거느린 제국으로 성장함에 따라 엄청난 부와 외부 문물이 유입되었다. 이로 인해 로마 사회의 오랜 전통이 흔들리면서 가부장의 절대적 권한 하에 놓여 있었던 여성들이 제도적 구속에서 벗어나기 시작하여 기혼 여성의 지참금 소유권이나 사회적 지위상승 등의 변화가 나타났다. 그리스 여성과는 달리, 공식행사에 남편과 동반할 수 있게 되었으며, 공연이나 축제 등 바깥나들이에 대한 제한도 서서히 사라졌다.

외출 기회가 많아진 전성기 로마의 상류층 여성들은 자연스럽게 메이크업과 헤어 등 외모 관리에 신경쓰게 되었고, 미용을 담당한 노예들의 손을 빌려 단장하느라 많은 시간을 할애하였다. 또한, 공중목욕탕의 발달로 몸을 씻어 청결하게 하는 위생적인 생활을 할 수 있었다.

새로운 문물이 그리스와 이집트에서 유입되었기 때문에 로마의 메이크업은 그리스와 이집트 메이크업을 혼합하며 발전하였다. 눈과 눈썹은 검정색 안티몬으로 진하고 검게 칠했으며, 볼에는 붉은색 납 분연단을 발랐다.

구취 제거를 위해 파슬리를 사용했으며 여드름과 사마귀는 애교 점을 그려서 감췄다. 유행의 과열로 하얀색 납 분을 과도하게 발랐기 때문에 얼굴빛이 변색되고 치아가 검어지고 신경이 둔해지는 등 부작용도 심하게 나타났다.

폼페이 여인의 벽화

귀족여인의 화장

Tip

갈렌의 콜드크림 Cold Cream

현재 터키에 위치한 페르가몬 출신으로 로마에서 황제 주치의로 활약한 임상 생리학의 아버지 갈렌Galen, A.D. 129~199은 이집트 화장품의 기록을 체계화하여 최초로 약학과 본초학을 접목시켜 크림을 만들었는데, 이 크림은 수분증발을 막아주고 햇빛으로부터 피부를 보호해 주며 바르면 시원한 느낌이 들기 때문에 '콜드크림'이라고 불리게 되었다.

4. 중세 시대Middle Ages, 5세기~15세기

로마의 콘스탄티누스 황제가 비잔티움을 동쪽의 수도로 정한 후 로마 제국이 동로마와 서로마로 갈라졌다395년. 동로마 제국은 비잔틴 제국이라 불리며 약 1,000년 동안 이어진다.

한편, 본래의 로마로 알려져 있던 서로마 제국은 476년 멸망하고 그 지역을 게르만 왕국이 통치하게 되는데 이때부터 서유럽에서는 중세 시대가 시작되었으며, 중세 초기의 암흑시대를 거쳐 9~10세기에 상업이 부흥하고 도시들이 생겨남에 따라 중세 후기 서유럽은 '로마네스크' 시대, '고딕' 시대로 이어가게 된다.

(1) 비잔틴 시대Byzantine, 5세기~15세기

기독교를 국교로 정한 동로마 제국에서는 기독교 금욕주의가 일상에 강력한 영향력을 행사했기 때문에 화장을 세속적인 것이라 여겨 경시하는 풍조가 강하였다.

화장은 '신이 창조한 인간의 얼굴을 가리는 신성모독 행위'로 간주되어 금기시되었고 생명이 다하면 사라질 육체를 꾸미는 것을 헛된 짓이라고 여겼다.

또한, 화장은 음탕함을 드러내고 매춘을 상징하는 것이라 해서 행실이 나쁜 여성이나 예능인, 연극인들만이 하는 것이라고 여겨 일반 여성들은 눈썹의 결을 다듬고 얼굴에 하얀 분을 바르는 정도로 간단한 화장을 하였다. 다만, 정숙함을 표시하기 위해 처녀들의 볼에 붉은색을 발랐다. 청결을 위한 목욕과 고해와 영성체 전날의 목욕만 허용하였으며, 제한된 목욕으로 인한 체취는 향수를 사용하여 해결하였다.

성 소피아 성당 벽화

산 비탈레성당 벽화

산 비탈레성당 벽화, 성 데오도라

(2) 로마네스크 시대Romanesque, 11세기~12세기

유럽이 정치적으로 안정을 되찾고 경제적 여유가 생기기 시작한 시기로 고대 로마의 문화와 예술, 건축에 기독교 정신을 결합시킨 양식 때문에 '로마네스크'라는 명칭이 붙여진 시대다. 이 시기에 동방의 아랍인들은 로마제국 멸망으로 맥이 끊긴 그리스와 로마의 학문과 기술을 수용·연구하고 동시에 인도와 페르시아의 지식과 문화와 접목하여 연금술, 약학, 식물학 등 여러 분야에서 높은 수준을 유지하였다.

십자군 전쟁 이후 참전 병사들을 통해 안티몬과 향유 등 진기한 화장 재료들과 회교도의 화장 풍습이 전해짐에 따라 여인들 사이에 메이크업에 대한 관심이 생겨나기 시작하였다.

이 시기에 과도한 출산 등 여러 가지 이유로 여성들의 피부 노화가 빨라졌으며, 메이크업은 이러한 노화를 감추기 위한 수단으로 사용되었다.

얼굴이 하얗게 보이도록 분을 발랐으며, 입술은 도톰하게, 눈썹은 자연스럽게 그렸다. 12세기에는 의미가 '채색하다'로 추정되는 '파르fard, 화장품'라는 명사가 생겨났다.

성모자상 – 두초

12세기 블라디미르의 성모

(3) 고딕 시대Gothic, 13세기~14세기

수공업과 상업의 발달로 도시가 번성하고 경제력을 갖게 된 상인층을 중심으로 시민계급이 형성되어 점차 봉건귀족 세력을 견제하기 시작했고, 교황령 국가에 대한 독일 황제와 유럽 각국 군주들의 세속 권력투쟁이 극에 달한 시기로 중·북부 유럽의 미술, 건축 분야에서 고딕 양식이 유행하였다.

기독교의 보수적 성향과 신흥세력이 현재 상황을 탈피하려는 경향이 동시에 작용하여 이 시대의 메이크업은 화장에 대한 혐오 풍조와 여성의 이상적인 아름다움에 대한 찬미가 공존하는 이중적인 성격을 보여주었다.

당시의 여성들은 하얀 피부와 넓은 이마를 선호하여 흰색의 납 가루로 얼굴을 창백하게 표현하였고, 이마의 머리카락을 뽑거나 밀었다.

가늘고 둥근 갈색 아치형 눈썹은 넓은 이마를 강조하였으며 볼륨감을 주는 도톰한 모양의 입술을 선호하였다. 입술과 뺨, 손톱 모두 붉은 색으로 표현하였으며 이 시대 여인들은 치아의 미백에도 신경을 썼다.

우르비노 공작부인

젊은 여인의 초상

고딕 시대 여성복식과 미용스타일

5. 르네상스 시대Renaissance, 14세기~16세기 중엽

1300년대 중반부터 이탈리아 피렌체에서 시작해 유럽 전역으로 퍼져나간 르네상스 운동은 기독교 가치관에 눌려 있던 인간의 가치를 회복시키려는 문화와 예술적 경향이다.

여성에 대한 중세 기독교적 속박도 사라져 '여성미에 대한 관심'이 커지게 되었다. 시대적 분위기에 따라 상류층 인사들은 남녀를 불문하고 화려한 복장과 메이크업을 즐겼으며, 당대 회화 작품들에서 잘 드러나듯이 르네상스 시대 메이크업 테크닉은 현대 메이크업 스타일과 큰 차이를 느낄 수 없다.

이 시대 여성들은 넓은 이마를 여성미의 전형으로 여겨 헤어라인을 깎아내고 머리를 뒤로 넘겨 이마를 더욱 넓게 보이게 하였다. 눈썹을 완전히 깎은 다음 가는 아치형으로 그리고 눈은 메이크업을 하지 않았다. 하얀 피부를 선호하여 회화용 재료를 발랐으며, 연한 색조로 입술과 볼 화장을 하였는데, 낮에는 볼을 창백하게 하였고, 저녁에는 붉은 기가 돌게 화장하였다.

도니 막달라마리아의 초상
– 라파엘로

유니콘을 안은 여인
– 라파엘로

엘리자베스 1세 여왕

Tip

영국의 엘리자베스 1세 여왕1533~1603

알라바스터 분말과 점토, 백납 분 등을 사용하여 흰 피부를 유지하였으며, 보이는 신체 부분은 모두 하얗게 분을 바르고 이마에는 정맥을 그려서 투명하고 희게 보이도록 하였다. 넓은 이마와 명암을 이용하여 길고 가는 매부리 코를 강조하였고 붉은 기가 돌게 볼과 입술에 화장을 하였다.

6. 바로크 시대Baroque, 17세기

바로크의 어원은 '일그러진 진주'라는 뜻으로 르네상스의 우아하고 간결한 고전 양식에 비해 바로크 양식의 지나치게 복잡하고 과장하는 경향을 비꼬기 위해 사용되었다.

르네상스 후기 회화에 이미 나타나기 시작한 혈색이 도는 풍만한 여성의 모습이 바로크풍 여성미의 전형이 되었다. 미적 욕구가 강렬했던 시대로 남녀를 불문하고 모두가 과도한 장식과 진한 화장천연두에 의한 흉터 커버요인을 하였는데, 패치patch, 애교점라는 새로운 데코레이션 기법은 주근깨나 여드름을 감추려는 용도에서 이성의 관심을 끌려는 목적으로 용도가 확장되었다.

바로크 시대 상류층 여성들의 메이크업은 흰 파우더를 발라 새하얀 피부를 강조하면서도, 밝게 강조한 '선명한 눈썹'과 어두운 색의 아이섀도, 진홍색에서 장미색, 주홍색까지 다양한 색조로 광대뼈와 눈 가까이에 둥글게 발랐다.

그리고 장미색의 짙은 입술을 표현하였다. 풍만한 가슴과 포동포동하고 탄탄한 팔, 어깨보다 넓은 둔부에 어울리게 둥근 얼굴을 살리는 것이 특징이다.

메리스튜어트
– 반다이크

우르비노의 비너스
– 티치아노

플로라
– 티치아노

7. 로코코 시대Rococo, 18세기

로코코는 프랑스어 로카이유rocaille와 코끼유coquille의 합성어로 조약돌과 조개껍데기의 곡선을 뜻한다. 로코코는 절대주의 시대 프랑스 궁정문화를 기반으로 한 예술 양식이었으므로, 바로크의 화려함과 섬세함에 우아한 곡선미를 더해 더 밝고 세련된 여성미를 강조하는 귀족 취향의 경향성을 갖는다.

메이크업은 실용성과 청결 관념보다 예술성에 우위를 두어 화려하고 인공적인 느낌이 강하게 드는 과도한 화장이 극에 달하였다.

로코코 시대에도 여전히 하얀 피부를 선호하여 두꺼운 피부 화장을 하고 얼굴은 희게 하였으며, 광대뼈와 눈 가까이에 둥글게 볼 화장을 하였다. 야간 연회로 지친 궁정인들은 볼 화장으로 창백함을 감추었으며, 남녀 모두 눈에 두꺼운 화장을 하였다.

눈썹은 검게 칠하고 푸른색으로 혈관을 그려 넣었으며, 얼굴에 생긴 잡티나 상처를 가리기 위해 '뷰티 패치beauty patches'라 불리는 천 조각 또는 가죽 조각에 아교를 발라 그 자리에 붙였다.

초기의 볼 화장은 흰색 계열에 빨강 색 입술 화장이었으나 붉은 계열의 색이 매춘부의 색으로 굳어지자 귀부인들은 오해를 사지 않으려고 가급적 붉은 색을 피하였다. 또한, 눈빛이 촉촉해 보이도록 독성이 강한 가지과 약용식물인 벨라돈나bella-donna의 즙을 써서 동공을 확대하기도 하였다.

프랑스 왕 루이 15세의 정부로 권세를 누린 퐁파두르Pompadour, 1721~1764 후작부인이 백납 분 대신으로 중국에서 수입한 쌀가루 분을 얼굴에 뿌리자 온 집안에 쌀가루가 날아다니게 되어서 할 수 없이 방을 따로 만들고 그 방에서 쌀가루를 뿌렸다고 한다. 훗날 '화장하는 방'을 뜻하는 '파우더 룸power room'은 여기서 유래하였다.

퐁파두르 후작 부인

마리앙트 아네트

마리아 크리스티아 폰테션 여공작

8. 19세기1800~1899

19세기는 프랑스 대혁명과 산업혁명의 여파로 민주주의와 자본주의의 기틀이 잡히고 비약적인 발전을 이룬 시기였다. 정치적으로는 나폴레옹이 프랑스의 권좌를 차지하고 유럽의 역사를 뒤흔들었으며, 나폴레옹 실권 후 반혁명 왕정복고 시대를 거쳐 루이 나폴레옹의 제2제정과 제3공화정으로 이어졌다.

한편, 영국에서는 장수한 빅토리아 여왕의 대영제국이 전성기를 누렸다.

19세기에는 비누의 보급으로 위생과 청결 수준이 높아졌으며, 귀족의 전유물이었던 크림과 로션 사용이 보편화되었다. 로코코시대의 화려하고 강한 화장은 청교도의 영향으로 나폴레옹 황제 부인조세핀의 창백한 청색화장으로 대체되었다.

곧 이은 낭만주의의 경향은 핼쑥하게 쑥 들어간 눈을 가진 교양 있는 여성을 아름다움의 대명사로 여겨 라이스rice파우더를 바르는 창백한 모습으로 색조화장을 자제하였다.

19세기 중반 이후에는 자연주의 사상의 영향으로 유해한 화장품의 과도한 사용이 줄어들었고, 창백해 보이는 피부화장, 표시나지 않는 눈 화장 등 자연스러운 메이크업을 선호하였다. 길고 가늘게 아이라인을 그렸으며 입술은 주황이나 빨강색 같은 정열적인 색으로 칠하였다. 볼 연지를 바르는 위치가 다시 위로 올라가 정상적인 위치에 연지가 칠해졌다.

공업과 화학기술의 발전에 힘입어 19세기 중반 이후 화장품 제조 분야에서도 획기적인 성과가 나타나 '겔랑Guerlain'과 같은 화장품 회사가 출현하여 현대적 의미의 화장품들이 개발되고 대량생산되어 19세기 말에 이르면서 화장품 산업이 궤도에 올랐다.

19세기 후반에는 화장품 개발의 영향으로 색조 메이크업이 다시 유행하기 시작하였다. 붉은 색 볼연지가 다시 유행하였고 입술 화장도 진해지기 시작하였으며 현대적인 아이라이너와 인조 속눈썹이 등장하였다.

조세핀 나폴레옹 보나파르트

브롤리 공주 – 앵그르

오송빌 백작부인 – 앵그르

3. 20세기 메이크업

1. 1900년대

(1) 사회 · 문화적 배경

근대 과학 기술의 발전으로 19세기에 괄목할 만한 성장세를 보인 화장품 제조업계에서는 1901년 마사지 크림과 매니큐어, 샴푸 등을 대량 생산하였다. 여성의 권리 신장으로 1900년대 초에는 '신여성new woman'이 등장하였으며, 이들은 테니스, 사이클 같은 스포츠 활동을 즐기고 참정권 운동에도 관심을 보였다. 1900년 파리 만국박람회는 근대 문물의 전시장으로 그 진가를 발휘했고, 마르코니Marconi, 1874-1937는 1901년 대륙 간 무선통신에 성공하여 무선 시대를 열었다.

패션계에서는 가슴과 힙을 강조하고 아랫배는 납작하게 하는 곡선형의 아르누보 풍S자 실루엣이 유행하였다.

헤어스타일은 모발을 뒤로 빗어 넘긴, 볼륨감 있고 우아한 '소프트 퐁파두르soft pompadour' 스타일이 유행하였다.

여성미가 강조된 S자 실루엣에 자연스런 웨이브 헤어스타일을 한 여성들은 '깁슨걸gibson girl'이라 하며 당시 잡지에 등장하여 큰 인기를 얻었다.

(2) 메이크업 스타일

초반에는 희고 투명한 피부에 거의 색조 메이크업을 하지 않고 기초 화장품만 사용하는 자연스러운 메이크업이 일반 여성들 사이에 주류를 이루었다. 반면 진한 메이크업은 극장의 성행으로 무대에 오르는 여배우와 화류계 여성들에게 한정되었으나 화려하고 진한 배우의 메이크업을 동경하면서 무대용 화장품에 대한 관심도도 높아져 일반여성의 화장에도 어느 정도 영향을 주었다.

1909년 러시아 발레단의 파리 공연으로 오리엔탈 붐이 일게 됨으로써 짙게 연필로 그린 눈썹, 진한 아이라인과 골드, 오렌지, 핑크 색을 주로 쓰는 동양의 신비로운 색조 메이크업이 유행하였다.

1900년대 메이크업

표 2-8 1900년대 메이크업

피부 메이크업	• 깨끗하고 투명한 피부를 위해 라이스 파우더 사용
눈썹 메이크업	• 눈썹 윤곽을 정리하고 짙게 다시 그림
아이 메이크업	• 아이섀도: 골드, 오렌지, 핑크 계열의 눈 화장으로 동양의 신비로운 색조 메이크업 • 아이라인: 길고 진한 아이라인으로 동양풍 강조
치크 & 립 메이크업	• 치크는 핑크 색으로 볼 전체를 감싸 여성미를 강조 • 핑크, 붉은색 등의 강한 립 색상 유행

2. 1910년대

(1) 사회 · 문화적 배경

1914년에 발발한 1차 세계 대전은 여성들의 지위와 역할에 지대한 영향을 미치는 사회적 변화를 야기하였다. 전쟁에 동원된 남자들을 대신하여 여성들이 산업 일선에 진출하였고, 이러한 사회 참여는 여성해방 운동과 복식문화에 큰 영향을 미쳤다.

이 시기에 국제적 위상이 서구 유럽 중심에서 신흥 강국 미국과 소련으로 넘어가기 시작했고 여성과 흑인들의 목소리가 커지기 시작하였다.

1차 세계대전을 거치면서 '여성복의 현대화'로 '유니폼'의 착용이 일반화되었고 의복의 신분 상징 기능이 사라지게 되었다. 뒤로 말아 웨이브가 진 긴 머리 스타일과 짧은 단발에 보브 컷이 유행하였으며, 헤드head 밴드를 둘러 눈을 강조하였다.

(2) 메이크업 스타일

여성들이 일상적인 사회활동을 하면서 화장품 소비량이 증가하였다.

이 시기 메이크업은 새카만 일자형 형태로 눈썹을 그리고 눈 주위에 강한 음영처리를 하였으며 입술은 얇고 뚜렷하게 그려 라인을 강조하였다.

이는 흑백영화 스크린에 적합한 윤곽을 부각시키는 메이크업으로 요부vamp 역할을 하여 '뱀프 룩vamp look'을 탄생시킨 여배우 테다 바라Theda Bara와 폴라 네그리Pola Negri로 대표되는 무성 영화 배우들의 메이크업 기법을 대중화시킨 것이었다.

태다 바라

폴라 네그리

표 2-9 1910년대 메이크업

구분	내용
피부 메이크업	• 산화티타늄 성분의 질 좋은 파우더로 밝게 피부 표현
눈썹 메이크업	• 짙은 검정색 일자형
아이 메이크업	• 아이섀도: 눈 주위에 검고 강한 음영 표현 • 코올로 짙고 검게 라이너와 마스카라를 함으로써 관능미 표현
치크 & 립 메이크업	• 치크는 붉은색으로 혈색을 줌 • 립은 붉은색으로 입술 윤곽선보다 안쪽으로 작게 그림

3. 1920년대

(1) 사회·문화적 배경

1차 세계 대전 종전 후 여성들의 경제적 자립으로 인한 자신감이 자유연애와 미적 표현 욕구를 강하게 부추겨 여성들의 미에 대한 관심과 투자가 더욱 크게 증대되었다.

전쟁으로 겪은 충격으로부터 벗어나려는 사회적 분위기 때문에 '흥청대기와 가볍게 들뜨기''분별없는 20년대', '광란의 20년대', roaring twentie 현상이 나타났다. 새로운 예술양식인 '아르 데코art deco'의 등장으로 단순하고 기능적인 직선적 디자인이 유행하였다.

새로이 등장한 말괄량이 스타일의 여성인 플래퍼flapper들은 H자 실루엣의 짧은 스커트와 술 장식을 단 민소매형의 원피스를 야간 댄스 파티용으로 즐겨 입었다.

보이시 스타일의 짧은 보브 커트와 마샬 웨이브 스타일의 헤어가 유행하였다.

(2) 메이크업 스타일

1차 세계대전이 끝난 후 여성들의 메이크업은 짙은 색조의 톤과 기법 상의 큰 변화를 겪게 되었는데, 여성들의 적극적인 사회 참여와 전쟁으로 인한 남녀 성비 불균형이 그 원인으로 작용하였다.

메이크업은 말괄량이 플래퍼들에게 어울리는 귀여운 '베이비 룩baby look 스타일'이 유행하였다. 눈썹은 정교하게 다듬고 관자놀이 가까이 그려 처진 듯하게 표현하고, 입술은 붉은색의 '큐피드의 활' 같은 모양으로 실제보다 작게 그려 귀엽게 보이도록 하였다.

반면에 짙은 색 섀도를 눈꺼풀 위아래에 발라 섹시한 여성미를 동시에 표현하였고 립스틱과 아이브로 펜슬이 기본 화장품으로 자리 잡았다. 배우 클라라 보우Clara Bow, 글로리아 스완슨Gloria Swanson의 메이크업이 인기가 있었다.

클라라 보우

글로리아 스완슨

표 2-10　1920년대 메이크업

피부 메이크업	• 하얗고 귀여운 베이비 룩을 위한 베이스 표현
눈썹 메이크업	• 짙은 검정색으로 가늘고 길게 관자놀이까지 그려 쳐진 듯 표현
아이 메이크업	• 아이섀도: 파랑, 갈색, 초록, 검정 등으로 짙게 위·아래 눈꺼풀에 바름 • 코올로 라인을 강조하고 마스카라 혹은 인조 속눈썹으로 인위적 눈매를 만듬
치크 & 립 메이크업	• 치크는 볼 위에 붉은색으로 넓고 둥글게 루즈를 바름 • 립은 강한 붉은색으로 큐피트의 활 같이 작고 둥글게 그림

4. 1930년대

(1) 사회·문화적 배경

1929년 미국 증권시장이 파탄나면서 시작된 경제 위기, 즉 대공황의 영향이 전 세계로 파급되었으며, 정치 군사 외교적 갈등이 유럽을 전쟁으로 몰아 1939년에는 제2차 세계대전이 발발하였다.

대공황으로 일자리가 부족해짐에 따라 직업여성들을 가정으로 다시 돌려 보내려는 사회적 분위기가 굳어졌고, 이러한 분위기의 영향으로 비활동적이고 여성스러운 이미지를 선호하는 경향이 나타나 1920년대의 귀여운 말괄량이 이미지의 여성보다는 성숙하고 강한 이미지의 여성이 이상적으로 여겨지게 되었다.

여성복은 스커트의 길이가 길어졌으며 가슴, 허리, 힙을 강조하는 전체적으로 '롱 앤 슬림long & slim의 실루엣'이 유행하였다. 헤어스타일은 '짧은 보브bob 컷'에서 귀를 반쯤 가린 스타일로 변하였고 퍼머넌트 기술 개발로 웨이브를 준 우아한 스타일이 유행하였다.

(2) 메이크업 스타일

화장품 산업에서는 아이섀도, 루즈, 펜슬, 파우더 등 신제품의 개발과 보급이 활발했던 시기이다.

그레타 가르보Greta Garbo, 진 할로우Jean Harlow, 마를렌 디트리히Marlene Dietrich 등과 같은 여배우의 입체감 있는 성숙하고 세련된 메이크업 기법이 유행하였다.

피부색은 커버력이 높은 1914년 맥스 팩터가 개발한 유성 파운데이션으로 약간 어둡게 바르고 눈썹은 다듬은 다음 높은 아치형으로 얇고 가늘게 그렸다.

갈색의 아이섀도로 아이 홀의 음영을 강조하고, 때로는 아이홀을 따라 짙은 라인을 그려그레타 가르보 깊이감 있는 눈매를 표현한 후 아이라인과 마스카라를 발랐다. 입술은 장미꽃 봉우리 같은 볼륨감 있는 형태로 옆으로 길게 그리고 반짝이는 붉은 색으로 칠하였다.

진 할로우

그레타 가르보

표 2-11 1930년대 메이크업

피부 메이크업	• 약간 어두운색의 커버력 있는 유성 파운데이션으로 결점 없는 피부 표현
눈썹 메이크업	• 깔끔하게 정리한 후 아치형으로 높고 가늘게 그림
아이 메이크업	• 아이섀도: 갈색으로 아이홀을 강조하여 입체감 있게 눈매를 표현 • 속눈썹 라인과 아이홀 라인에 짙은 라인을 이중으로 그려 깊이 있는 눈매를 표현 • 검정, 파랑색 마스카라 사용으로 신비감 연출
치크 & 립 메이크업	• 치크는 볼 뼈 아래를 어둡게 칠해 얼굴의 윤곽을 살리는 얼굴 입체 표현 • 립은 약간의 볼륨감을 주며 붉은색으로 길게 늘려 그리고, 립 글로스로 반짝이게 표현

5. 1940년대

(1) 사회·문화적 배경

1939년~1945년 사이에 독일과 이탈리아, 일본의 주축국 동맹과 연합군이 벌인 제 2차 세계대전의 비극은 연합군의 승리로 결말을 맞게 되었다. 1941년 참전해 승전의 주역이 된 미국의 국제적 위상이 매우 높아졌으며 승전국 미국의 경제적 부흥은 패션의 새로운 메카로 미국을 급부상시켰다.

'컬러 필름의 등장'으로 할리우드 영화산업은 급속도로 발전하여 미국 영화배우들이 우상으로 떠올랐고 '성적 매력이 강한 여성이 이상화'되었다. 이 시기에 육체적·관능적 모습이 잘 드러나는 '핀업 걸pinup girl'이 등장하였다.

1947년 파리 컬렉션에 발표한 '크리스천 디올Christian Dior의 뉴 룩New Look'은 여성들을 '밀리터리 룩'에서 다시 로맨틱한 모습으로 변모시켰다. 아이론으로 컬과 웨이브를 살린 우아한 헤어스타일과 웨이브 있는 세미 쇼트커트 스타일, 금발과 붉은 모발 염색, 붉은 네일 에나멜이 유행하였다.

(2) 메이크업 스타일

남성들에게 성적 매력을 어필하는 '육체적이고 관능적인 모습의 섹시한 여성'이 이상적인 여성상으로 부각되어 1930년대의 '아름다운 눈매와 신비로운 미소'는 '강하고 독립적이며 관능적인 여성미'로 대체되었다.

1938년 '맥스 팩터'가 비비안 리를 위해 개발한 수용성 '팬 케이크'의 보급으로 영상에 적합한 메이크업이 가능해지자 일반 여성들도 다소 두꺼운 피부 표현을 따라서 하였고, 브라운, 블루의 아이섀도를 하고 두껍고 뚜렷한 곡선 형태의 눈썹과 볼륨감이 느껴지는 아웃커브의 입술이 유행하였다.

또한, 전쟁 중 물자부족으로 스타킹의 공급이 어려워지자 일부 여성들은 다리에 스타킹을 그려 넣는 등 다리 화장을 하기도 하였다.

잉그리드 버그만Ingrid Bergman, 비비안 리Vivian Legih, 리타 헤이워드Rita Hayworth 등이 1940년대를 대표하는 배우이다.

리타 헤이워드

비비안 리

잉그리드 버그만

표 2-12 1940년대 메이크업

피부 메이크업	• 팬 케이크를 이용한 다소 두껍고, 창백한 표현으로 완벽한 피부를 표현
눈썹 메이크업	• 눈썹펜슬로 머리카락 색에 맞춰 두꺼운 곡선형태로 그림
아이 메이크업	• 아이섀도: 브라운, 블루, 그린 • 검정, 갈색의 아이라인을 꼬리 없이 얇게 그림 • 마스카라나 인조 속눈썹으로 풍성하게 연출
치크 & 립 메이크업	• 치크는 볼 뼈를 부드럽고 자연스럽게 감싸는 듯 엷게 표현 • 립은 붉은색, 오렌지색, 핑크색 등 다양한 색을 이용하여 아웃커브 형태로 약간 크게 그림

6. 1950년대

(1) 사회·문화적 배경

미국과 소련을 중심으로 냉전시대가 열렸으며 문화의 중심은 유럽에서 미국으로 옮겨갔다. 컬러 영화, 로큰롤, TV 등의 문화 매체를 통해 대중 스타의 이미지가 부각되었다.

종전 후 남성들의 사회 참여가 활발해짐에 따라 여성들의 이미지는 가정적이고 모성적인 어머니상이 이상화되었고, '성숙하고 우아한 여성의 이미지'를 표현하기 위한 메이크업과 헤어스타일이 다시 유행하였다.

A 라인 드레스, 지방시의 색Sack 드레스, 발렌시아가의 느슨한 허리 디자인 등이 발표되었으며, 1950년대 후반에는 제임스 딘의 검정색 가죽 재킷과 진바지, 심플한 티셔츠가 유행하였다.

단발과 머리를 빗어 올린 프렌치 트위스트 스타일, 헵번 스타일의 '보이시 컷'과 '포니테일 스타일pony style' 등이 동시에 유행하였다.

(2) 메이크업 스타일

영화배우들의 메이크업 테크닉이 더욱 대중화되었는데, 입체적이면서도 여성스러움을 강조하였다. 두꺼운 파운데이션과 두껍고 여성적인 곡선형태의 눈썹, 아웃커브 형태의 입술 등으로 여성성을 어필하고, 두꺼운 아이라인 끝을 올려 그린 후 풍성한 속눈썹으로 인위적 여성성을 강조하였다. 1950년대에는 마릴린 먼로와 오드리 헵번의 메이크업 스타일이 특히 유행하였다.

그레이스 켈리

마릴린 먼로

오드리 헵번

표 2-13 1950년대 마릴린 먼로 메이크업

구분	내용
피부 메이크업	• 핑크 톤의 밝은 색 피부를 입체적으로 표현
눈썹 메이크업	• 갈색으로 부드럽게 각진 형을 올리면서 그림으로써 관능미 강조
아이 메이크업	• 아이섀도: 아이홀에 살구색과 밝은 브라운으로 음영을 주고 눈 중앙에 밝은 색 또는 펄 섀도로 하이라이트를 줌 • 아이라인을 눈 바깥쪽으로 길게 치켜 올려 그림사슴 눈 메이크업 • 인조 속눈썹으로 풍성함 연출
치크 & 립 메이크업	• 치크는 볼 뼈와 그 아래로 붉은색으로 길게 섹시하게 표현 • 립은 아웃커브 형태로 붉은색의 육감적 입술에 바셀린으로 윤기 있게 표현
뷰티점	• 입술 위 옆쪽으로 검은색 애교점을 찍음

표 2-14 1950년대 오드리 헵번 메이크업

구분	내용
피부 메이크업	• 밝고 깨끗한 피부를 입체적으로 표현
눈썹 메이크업	• 짙은 색으로 굵고 각진 형태로 표현
아이 메이크업	• 전체적으로 사슴 눈처럼 보이게 표현 • 리퀴드 타입의 아이라이너로 두껍게 그리면서 꼬리를 올려 주어 윗 라인을 강조하고 언더 아이라인을 생략 • 마스카라나 인조 속눈썹으로 풍성함 연출

치크 & 립 메이크업	• 립은 엷은 핑크계로 볼 뼈 위에 발랄한 이미지로 표현 • 치크는 아웃커브의 도톰한 입술로 그리되, 톤을 낮춘 붉은색 계열로 표현

7. 1960년대

(1) 사회·문화적 배경

전후 베이비 붐 세대인 젊은이들의 문화와 개성이 강조되어, '히피hippie'라는 새로운 사회·문화 현상이 부각되었다. 키워드는 '젊음과 저항', '변혁에의 요구' 등으로 젊은이들은 기성세대에 대항하며 정치, 경제, 사회적 변혁을 요구하였다.

'팝 아트'와 '옵 아트적'인 현대적 감각의 추상적 무늬와 기하학적 문양과 강렬한 색 배합 등의 예술경향이 나타났고, '몬드리안 룩'이 유행하였다.

성적 역할의 붕괴로 유니 섹스unisex 스타일, 히피 스타일, 미니멀리즘의 영향을 받은 미니스커트가 유행하였다. 헤어스타일은 높고 불룩한 부판bouffant 스타일, 보이시, 스포티 룩, 비달 사순Vidal Sassoon 식의 짧은 커팅 등이 유행하였다.

(2) 메이크업 스타일

메이크업의 표현이 다양해지면서 개성을 중시하는 경향이 나타났다. 60년대 초반에는 여배우 브리지트 바르도Brigitte Bardot의 메이크업 스타일이 인기를 끌었다. 블루계열의 섀도와 쌍꺼풀 부분에 진한 두꺼운 라인을 그리고, 인조 속눈썹을 과장되게 붙여 눈 화장을 강조하였다.

황갈색 눈썹에 아웃커브의 짙은 갈색 립 라인을 그리고 안쪽은 엷은 색으로 칠해 입술 윤곽을 강조한 육감적인 메이크업을 하였다.

60년대 중후반에는 주근깨를 강조한 엷은 피부화장의 모델 트위기Twiggy 스타일이 인기가 있었다. 점차 엷어져 사라지기 시작한 메이크업 색은 입술과 베이비 핑크 펄로 생략된 볼연지 및 눈썹 색까지 이어지게 되었는데, 눈썹을 탈색시킨 다음 베이지색 파운데이션으로 가리거나 앞머리로 가리기도 하였다.

오직 어두운 섀도의 눈만을 강조한 후, 인조 속눈썹을 위아래에 붙이거나 이중·삼중으로 붙이기도 하였다. 인형 같은 눈매가 유행하고 인조 속눈썹의 인기가 최절정에 달했던 시대이다.

60년대 후반에는 '강력한 색채와 기하학 형태'가 유행한 예술계의 영향으로 화려하고 강한 실험적인 디자인의 판타지 메이크업이 등장하였다.

브리지트 바르도

소피아 로렌

트위기

표 2-15 1960년대 트위기 메이크업

피부 메이크업	• 주근깨가 드러나는 정도로 밝고 깨끗한 피부로 얇게 표현
눈썹 메이크업	• 황갈색 흐린 색상의 부드러운 눈썹
아이 메이크업	• 극단적으로 아이 메이크업이 강조됨 • 아이섀도: 핑크, 네이비, 그레이 • 쌍꺼풀 부분에 짙고 두꺼운 인위적 라인을 그리고, 속눈썹에는 아이라인을 눈꼬리 방향으로 길게 내려 그림 • 인조 속눈썹을 이중·삼중으로 붙여 과장된 풍성함 연출 • 언더 속눈썹에 마스카라를 하고 속눈썹을 아이라이너로 그리거나 인조 속눈썹을 붙여 인위적으로 풍성함을 강조
치크 & 립 메이크업	• 치크는 핑크나 베이지색으로 엷게 볼 뼈에 바름 • 립은 베이지 핑크색으로 창백한 입술을 표현

8. 1970년대

(1) 사회·문화적 배경

석유 파동으로 인한 세계적 불황의 여파로 '냉소적인 1970년대', '불확실한 1970년대'라는 표현이 걸맞은 불안한 시대였고, '펑크punk: 시시한 사람, 불량소년·소녀, 풋내기'라는 기존 질서에 반항하는 퇴폐적이고 무질서한 하위문화가 발생하였다.

과학의 발전으로 인공위성이 발사되고 우주정거장이 건설되었으며, 미국에서는 컬러 TV가 인기를 끌었다.

70년대 중반으로 갈수록 빠른 과학기술의 발달에 회의를 느낀 사람들이 자연으로의 회

귀를 주장하기 시작했는데, 점차 이러한 주장이 자연스러운 흐름을 형성하여 개성과 다양성이 존중되는 사회분위기가 형성되었다.

70년대는 여성운동과 스포츠가 활성화된 시기이다. 합리성과 실용성에 대한 관심 증대로 편안함을 추구하는 다목적용 패션이 강세를 보였다. 유니섹스uni sex 의복과 팬츠 수트 등 성숙한 모드가 부활하였고, 레이어드 룩layered look과 펑크 풍의 의복이 유행하였으며, 헤어는 굵은 컬을 레이어드한 바람머리 스타일이 유행하였다.

(2) 메이크업 스타일

메이크업을 통한 외적 아름다움뿐만 아니라 '피부건강과 노화예방' 등에 대한 관심도 늘어났다. 그 영향으로 투명하고 자연스러운 피부를 위한 가벼운 질감의 리퀴드 파운데이션이 사용되었고, 핑크·라벤더·핑크 로즈·그린 등의 파스텔 계열의 다양한 아이섀도 색상에 밝은 립스틱 색상이 유행하였다.

1970년대 중후반에는 디스코의 열풍으로 클럽 댄스를 위한 '이브닝 메이크업'이 유행하여 카키·주황·파랑·브라운·그레이·금빛의 아이섀도에 입자가 큰 글리터와 붉은색 립스틱을 사용하였다.

강렬한 색감을 강조하는 펑키 메이크업의 유행과 더불어 다양한 섀도를 활용하는 컬러의 시대가 열렸다. 또한 립스틱 위에 바르는 투명 립글로스의 유행이 최고조에 달한 시기였다.

흑인 여성을 위한 색조 화장품이 이 시기에 개발되었는데, 비흑인 여성들이 색조 화장을 따라 하는 바람에 '아프로 스타일afro style'이 유행하기도 하였다. 자연스러운 눈썹과 아이홀을 강조한 건강미 넘치는 세련된 형태의 메이크업을 한 파라 포셋Farrah Fawcett이 대표적인 메이크업 스타였다.

펑크 스타일

파라 포셋

아프로 스타일

표 2-16 1970년대 캘리포니안 걸californian girl 스타일 메이크업

피부 메이크업	• 약간 어두운 듯한 리퀴드 파운데이션으로 자연스러운 피부 표현
눈썹 메이크업	• 짙은 눈썹
아이 메이크업	• 아이섀도: 브라운 계열
립 메이크업	• 글로시하면서 색이 강하지 않은 베이지 핑크, 코럴 핑크 계열의 립스틱

표 2-17 1970년대 펑크 스타일punk style 메이크업

피부 메이크업	• 밝은 피부 표현
눈썹 메이크업	• 진하고 직선형의 눈썹
아이 & 치크 메이크업	• 아이섀도: 회색과 검정, 어두운 와인 계열의 아이섀도
립 메이크업	• 검붉은 색의 립스틱을 발라 강하고 파격적인 스타일을 표현

표 2-18 1970년대 아프로 스타일afro style 메이크업

피부 메이크업	• 어두운 피부 표현
눈썹 메이크업	• 진한 눈썹
아이 메이크업	• 아이섀도: 흑인풍의 펄이 많이 들어간 은회색 빛 아이섀도
립 메이크업	• 페일 핑크 톤의 립스틱
헤어 스타일	• 부풀린 흑인 가발사용

9. 1980년대

(1) 사회·문화적 배경

경제적 풍요를 바탕으로 생활의 질을 추구한 시대로서 환경, 복지 등 인간다운 삶에 대한 관심이 고조되었다.

반핵 시위와 환경보호 운동이 거세진 시기로 자연에 대한 관심이 또한 고조되었다.

다원화된 문화와 예술의 영향으로 다양한 스타일이 동시에 유행하였고 개성을 강조하는 현상이 뚜렷해졌다.

특히 예술과 일상의 경계를 없애거나 고급예술과 대중문화의 차이를 줄여주는 '포스트모더니즘post-modernisim'의 영향으로 '비주류 문화와 섹슈얼리티sexuality'가 부각되었다.

성의 구별을 뛰어넘어 개성을 중시하는 앤드로지너스 룩androgynous look, 빅 룩big look, 스포츠 룩sports look 등이 유행하였다.

헤어스타일로는 빅big 헤어, 다이애나 황태자비의 자연스럽고 여성적인 레이어 커트, 펑크 스타일 등이 유행하였다.

(2) 메이크업 스타일

포스트모더니즘과 컬러TV의 일반화로 80년대 메이크업은 더욱 다양해지고 개성화되었다. 80년대 초반에는 관능적이며 에로틱한 가수 마돈나Madonna의 화려하고 진한 메이크업이 유행하였다.

80년대 중반에는 여성들이 눈썹을 짙게 그리고 본래의 얼굴에 가까운 자연스런 색조 메이크업으로 짙은 눈썹의 영화배우 브룩 쉴즈Brooks Shields로 대표되는 중성적인 메이크업을 하는 반면, 보이 조지, 프린스 등의 남자 가수들은 화려한 색채 메이크업을 함으로써 앤드로지너스 룩을 메이크업에 도입하였다.

오존층 파괴가 사회 문제로 부각됨에 따라 환경에 대한 관심이 높아졌고, 컬러에 대한 관심이 점차 퇴색한 대신 질감을 중시하고 투명감을 살리는 내추럴 풍의 메이크업이 강세를 보였다. 즉 자연스러운 눈썹과 살색, 복숭아 색, 연핑크, 연갈색 등 부드러운 컬러의 색상들을 선호하였다.

청순미를 대표하는 프랑스의 배우 소피 마르소, 영국의 다이애나 황태자비 등이 80년대 후반을 대표하는 스타이다.

마돈나

보이 조지

브룩 쉴즈

표 2-19 1980년대 메이크업

피부 메이크업	• 매트한 질감의 자연스러운 피부색 표현
눈썹 메이크업	• 자신의 눈썹 형태를 살려 진하게 표현 • 마스카라로 눈썹 모의 질감을 자연스럽게 살림
아이 메이크업	• 아이섀도: 다양한 색상을 사용하여 자연스럽게 그라데이션 하고 쌍꺼풀 부분이나 눈꼬리, 언더라인에 포인트를 주는 메이크업
치크 & 립 메이크업	• 립라이너로 윤곽을 그리고 크리미한 질감의 립스틱을 바름 • 치크는 혈색 정도만 표현함

10. 1990년대

(1) 사회·문화적 배경

미·소 냉전의 종식으로 각국은 실리 위주의 경제 체제 구축에 주력하게 되었고 다양한 문화가 전 세계적으로 유통되었다.

지구의 오염과 무분별한 개발로 인한 '엘니뇨el nino'와 '라니냐la niña 현상' 등의 '환경문제'가 심각하게 대두되었다. 전자통신과 운송의 발달로 세계인들은 '하나의 세계'를 공유했고, 컴퓨터의 발달로 형성된 '정보 네트워크'가 이러한 공존의식을 더욱 현실화하여 나갔다. 경제 분야에서도 다국적 기업의 등장으로 국경이 사라지는 추세를 보였다.

1990년대 말에는 새로운 천년을 맞이하는 상황에서 '세기말적인 불안감'과 '새 천년에 대한 희망'이 겹치면서 다양한 문화에 대한 공존의식이 만연하였다.

패션에서도 '에콜로지 풍'의 유행으로 회색이 가미된 자연색상과 과거와 미래, 동양과 서양이 독특하게 재구성된 세련된 이미지를 선보인 에스닉, 그런지, 네오히피 스타일 등이 유행하였다.

페미니즘적 표현을 하는 미니멀리즘이 강세를 보였고, 후반에는 힙합룩 패션, 스포츠 브랜드가 부상하였다. 새로운 세기에 대한 기대감을 하이 테크놀로지적 이미지로 선보인 '퓨처리즘futurism:미래주의'도 등장하였다.

자연스러운 헤어스타일과 헤어 컬러링의 일반화·다양화가 이뤄졌다. 모발 전체를 염색하거나 부분적인 염색을 하는 블리치bleach 등의 인기로 모발 염색은 패션 가발과 함께 각자의 개성을 표현하는 또 하나의 수단으로 자리 잡게 되었다.

(2) 메이크업 스타일

환경문제가 에콜로지 풍의 유행을 만들어 냈다. 화려한 원색 컬러 대신 자연색인 그린이나 브라운 컬러가 인기를 얻었고, 눈썹과 입술 메이크업의 색조가 매우 옅어지는 투명 메이크업이 유행하였다.

아이섀도는 아주 흐리게 하고 어두운 색상의 라인으로 립 라인을 강조하였으며 안쪽에는 좀 더 옅은 색상의 립스틱을 발라 입체감이 두드러지게 보이도록 하는 내추럴 메이크업이 유행하였다.

90년대 후반에는 세기 말의 분위기로 인한 미래에 대한 동경과 두려움이 메이크업에도 반영되어 파우더, 아이섀도, 블러셔, 립스틱에도 광택이 들어가는 샤이니하고 쉬머한 펄 메이크업이 유행하였다. 입술에 립 글로스를 바르거나 유분기가 있는 제품을 덧발라 투명하면서 글로시한 느낌을 강조하는 글로시 메이크업 등의 질감 메이크업도 유행하였다.

신디 크로퍼드

카메론 디아즈

제니퍼 애니스톤

표 2-20 1990년대 메이크업

구분	내용
피부 메이크업	• 투명한 피부 표현
눈썹 메이크업	• 자연스런 색상의 눈썹
아이 메이크업	• 아이섀도: 베이지, 오렌지, 브라운 등 다양한 색상의 펄 섀도 사용
치크 & 립 메이크업	• 자연스러운 색, 반짝이는 립스틱 유행

4. 21세기 메이크업

1. 2000년대

(1) 사회·문화적 배경

21세기인 새로운 밀레니엄 시대가 시작되었지만, 지구 온난화와 엘니뇨 현상 같은 요인들이 초래한 폭염, 국지적 폭우, 가뭄 등의 자연재해로 인한 지구 환경에 대한 우려가 높아졌고, 석유 에너지, 물 부족 등의 자원 문제가 세계적 차원에서 대처해야 할 공동 문제로 부상하였다.

물질적 풍요가 가져다준 정신적 공황을 자각한 21세기 현대인들의 필요에 부응하여 '정신적·육체적 건강의 조화'를 통해 행복하고 아름다운 삶을 영위하고자 하는 '웰빙well-being 트렌드'가 삶과 문화 전반에 걸쳐 '새로운 라이프 스타일'로 자리 잡았다.

전자 정보통신기술과 인터넷의 발달로 전 세계가 전보다 더 유기적으로 연결되었으며, IT 기술이 기기분야뿐만 아니라 패션, 미용 등 다양한 분야에 적용되어 삶의 제반 조건에 영향을 미치게 되었는데, 그 변화의 속도가 너무나 빠르고 내용도 다양해졌다.

이 시기에 퓨처리즘, 경쾌한 스포티즘, 여성스러움을 강조하는 '로맨틱 미니멀리즘' 등이 유행하였다. 헤어스타일은 자연스럽고 굵은 로맨틱 웨이브 스타일, 여성스러움을 강조한 뱅 스타일, 복고풍의 영향을 받은 언밸런스 스타일의 쇼트나 보브 컷이 더욱 짧아진 형태로 유행하였다. 웰빙의 영향으로 탈모와 두피 건강에 대한 관심이 높아 헤어 케어의 개념이 도입되었다.

(2) 메이크업 스타일

색감과 질감, 스타일 등에서 획일화 경향이 사라지고 개인의 나이, 육체적 특성, 기호, 활동에 따라 맞춤형 메이크업을 선택하는 개성시대가 열렸다. 또한, 자연으로의 회귀를 특징으로 하는 90년대 말의 내추럴 메이크업이 계속 인기를 끌게 됨으로써 식물성 화장품 등 제품의 품질에 대한 관심이 높아졌다.

다양한 질감의 메이크업이 유행하였는데, 특히 베이스 메이크업에 샤이닝한 질감을 추가해 탄력 있는 피부와 건강미를 강조하였다.

밝고 반짝이는 컬러 섀도와 립 글로스, 립스틱, 아이라인에까지 적용한 미세한 펄 질감이 강세를 띠었고, 립글로스의 선풍적 인기는 계속되었다.

2000년대 후반에는 시대 후반에는 소프트한 '세미 스모키semi smoky' 메이크업이 일상적인 생활공간에도 진출하였다. 색조전문 명품 브랜드가 강세를 보였고, 다양한 기능이 추가된 메이크업 제품들로 인해 메이크업을 하지 않은 듯한 섬세한 내추럴 메이크업이 강세를 띠었으며, 영원한 젊음을 동경하는 동안 메이크업도 유행하기 시작하였다.

새로운 세기를 맞으면서 지난 1900년대의 메이크업을 새롭게 트렌드화 한 '레트로 메이크업'이 해마다 시대를 달리하며 유행하였다.

제니퍼 애니스톤

나탈리 포트만

안젤리나 졸리

표 2-21 2000년대 메이크업

피부 메이크업	• 투명한 피부, 글로시 피부 등 건강미가 강조된 자연스런 피부 표현
눈썹 메이크업	• 자연스런 색상의 눈썹
아이 메이크업	• 아이섀도 – 다양한 색상의 펄 , 크림 섀도 등 질감을 강조하며 내추럴한 메이크업이 유행 – 부드러운 중간 톤의 세미 스모키 메이크업이 유행
립 메이크업	• 립 라인이 사라지고 다양한 질감의 립스틱, 립 글로스 유행

2. 2010년대

(1) 사회·문화적 배경

이전 시기에 이어 2010년대에도 정보통신기술이 발전하고 스마트 폰이 확산되었으며 무선 네트워크와 클라우드 컴퓨팅의 진전 덕에 '사물 인터넷 산업'이 괄목할 만한 성장세를 보였다. 데이터 처리기술의 발전과 5G 광대역의 출시로 인해 데이터와 정보 전달 기능이 극대화되고 소셜 미디어와 같은 온라인 리소스resource가 미투me too 운동과 같은 사회현상을 촉진하였다. 기온 상승으로 인한 '지구 온난화 현상'이 전 세계적인 문제이자 관심사로 눈길을 끌었다.

사회적으로는 노령층 증가와 이들의 은퇴로 인한 연금 압박, 출산율 감소로 인한 인구감소와 노령화 사회 현상이 전 세계적으로 심각한 문제로 부각되었다. 많은 나라들이 퇴직연령을 조정하고 노인층 케어에 로봇을 활용하는 등 해결책 마련에 부심하였다.

어벤져스 같은 슈퍼 히어로 영화가 박스 오피스 리더가 되었으며 넷플릭스netflix 등의 저렴한 온라인 스트리밍streaming 서비스가 가입자 수를 늘렸고, 댄스와 팝 음악이 주류를 이루면서 2012년 디지털 음악 판매량이 CD 판매량을 능가하였다.

글로벌화의 영향으로 동양의 문화가 서양으로 진출하는 역전현상이 나타났는데, 특히 한국의 K-pop이 아시아 시장을 넘어 미국, 유럽, 남미 등 전 세계에 진출하였다.

이전 시기에 활발했던 예술 트렌드는 2010년대에도 지속되어 팝 아트, 냉소적 현실주의, 키치 운동, 유사 현실주의, 거리 예술, 도시 예술, 비디오 게임 아트 및 가상 아트 등 다양한 양식이 공존하였다.

패션은 세계적 유명 브랜드에서도 편안한 일상생활 패션, 실용 패션스타일을 제안하며 주변에서 쉽게 볼 수 있도록 하는 '럭셔리 브랜드'와 '스트리트 브랜드'의 조화가 나타났다. 또한, '패스트fast 패션'의 유행으로 SPA브랜드인 자라Zara, H&M, 유니클로uniqlo 등이 인기가 있었다.

(2) 메이크업 스타일

IT 기술의 장점을 살려 스마트 폰, 유튜브 등을 활용한 메이크업 제품과 테크닉의 공유로 이 시기 메이크업은 '국제화·세계화·일반화'의 추세를 두드러지게 보여주었다. 필러, 보톡스 등의 의학 분야의 신기술 도입을 포함한 젊음을 유지하는 '다양한 피부관리 기술'은 영원한 젊음을 향한 여성들의 염원을 해소하려는 듯 현재에도 급속히 발전하고 있다.

2010년대는 전반적으로 2000년대의 메이크업 트렌드를 이어갔다. 메이크업 키워드는 '젊음동안'으로, 한 듯 안 한 듯한 정교한 메이크업이 유행하였다.

건강한 삶, 아름다운 라이프스타일에 대한 꾸준한 관심으로 메이크업은 피부의 결점을 보완하면서 자신의 피부 톤을 최대한 살리는 자연스러운 피부화장이 부분 색조 화장보다 중시되었다. 도자기 같이 매끄러운 피부 결, 촉촉한 물광, 크리미한 질감, 빛의 흐름을 이용한 절제된 펄 메이크업 등의 다양한 질감 메이크업이 유행하였다. 눈썹은 선보다는 면을 채우는 자연스러움을 추구하고, 입술 메이크업은 본래의 입술 라인을 살리고 다양한 색을 사용해 크리미하고 글로시하게 표현하였다.

2010년대 이후 메이크업의 두드러진 특징은 '뉴트로newtro' 현상이다. 현대의 다양한 메이크업 재료들을 활용해 1910년부터 1990년대까지의 메이크업은 해를 달리하며 재해석하여 새로운 트렌드를 만들어 냈다.

2010년대 메이크업

표 2-22 2010년대 메이크업

피부 메이크업	• 다양한 광택·질감 피부 표현
눈썹 메이크업	• 본인의 눈썹 색과 형태를 살린 자연스러운 일자형 눈썹
아이 메이크업	• 아이섀도 : 다양한 색상의 펄, 크림 섀도 등 질감을 강조
립 메이크업	• 립 라인이 사라진 다양한 질감의 립스틱과 립 글로스 유행

Chapter 3

메이크업 숍 위생관리 및 기본도구

1. 메이크업 숍 위생관리
2. 메이크업의 기본도구
3. 기타 도구 및 물품

Chapter 3

메이크업 숍 위생관리 및 기본도구

1. 메이크업 숍 위생관리

메이크업 작업 시 작업자와 고객 위생 관리를 포함한 메이크업 화장품, 용품, 시설, 도구, 기기 등을 항상 청결히 하여야 하며 언제든지 위생적으로 사용할 수 있도록 안전하게 정돈하고 평소에 관리·점검을 해 두어야 한다.

메이크업 숍의 위생관리는 고객이 접할 수 있는 '환경, 도구, 재료'로 인하여 발생할 수 있는 오염과 감염 요소들을 미리 점검하고 관리하여 늘 청결하게 유지할 수 있도록 하는 것을 말한다.

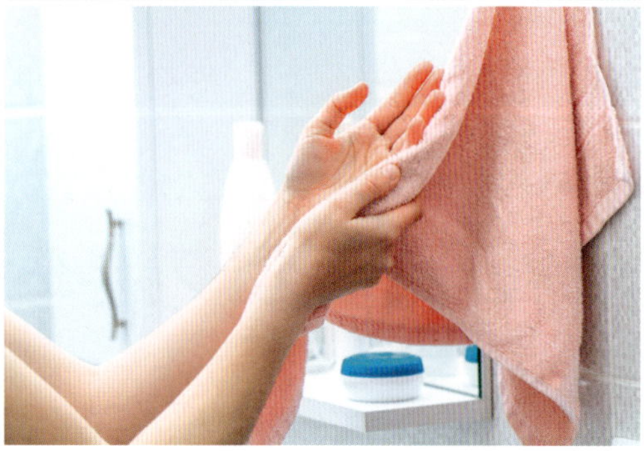

1. 위생과 소독

위생은 오염과 감염의 요소로부터 보호하여 건강에 유익하도록 하는 것으로 병원균의 성장을 막고 감염된 질병의 위험을 줄이기 위해서 어떤 대상 물질을 깨끗하고 안전하게 만드는 과정이다.

소독은 병원성의 유무에 관계없이 세균, 곰팡이, 바이러스와 같은 모든 미생물들을 파괴함으로써 어떤 물질을 병원균으로부터 안전하게 보호하는 과정이다.

'소독과 위생'은 병원균의 생장을 막거나 이들을 완전히 파괴하기 위해서 사용되는 방법들을 다루기 때문에 메이크업 아티스트에게 있어서는 실제적으로 중요하다.
특히 감염과 전염병을 전파하는 미생물들을 파괴하는 것이 무엇보다 중요하다.

메이크업 숍의 환경에서는 병원에서처럼 철저하게 '도구와 장비를 소독'하는 것이 매우 어렵다. 그러나 학교나 메이크업 숍에서 엄격한 위생절차와 방법을 배우고 실시하는 것은 매우 중요하며 모든 작업장과 모든 도구와 장비, 그리고 메이크업 숍들은 항상 청결하고 위생적인 상황을 유지해야 한다.

모든 메이그업 숍에서는 '브러시, 분첩, 스파튤러, 눈썹 칼, 눈썹가위, 족집게' 등과 같은 기구들을 위생 처리할 수 있는 장비를 갖추어야 한다.

Tip

소독관련 용어 정의

① **멸균**Sterilization: 미생물 특히, 세균 균류 및 아포까지 죽여서 없애는 방법으로 멸균은 소독을 포함하지만 소독은 멸균을 포함하지 않음
② **살균**Germicide: 미생물에 물리적·화학적 자극을 가하여 이를 단시간 내에 멸살시키는 방법
③ **소독**Disinfection: 병원 미생물의 생활력을 파괴하여 감염 및 증식력을 없애는 방법
④ **방부**Antiseptic: 병원성 미생물의 발육과 생활 작용을 저지하거나 정지시켜서 미생물의 번식에 부적당한 상태로 만드는 방법
⑤ **세척**Cleaning: 소독과 멸균의 전단계로 대상물로부터 모든 이물질을 제거하는 방법

2. 위생과 소독 방법

(1) 자연소독법

① 희석Dilution에 의한 자연소독법

살균의 효과는 없지만 세균의 군락Colony을 형성할 수 없도록 하여 발육을 지연시키는 방법이다.

② 태양광선Sunlight

태양광선 중 도노선Dorno Ray 290~320nm을 이용하여 살균시키는 방법이다.

③ 저온한랭, Cold에 의한 자연 소독법

저온을 이용하여 세균의 신진대사 기능과 증식을 억제시키는 방법으로 세균을 사멸시키지는 못한다.

(2) 물리적 소독법

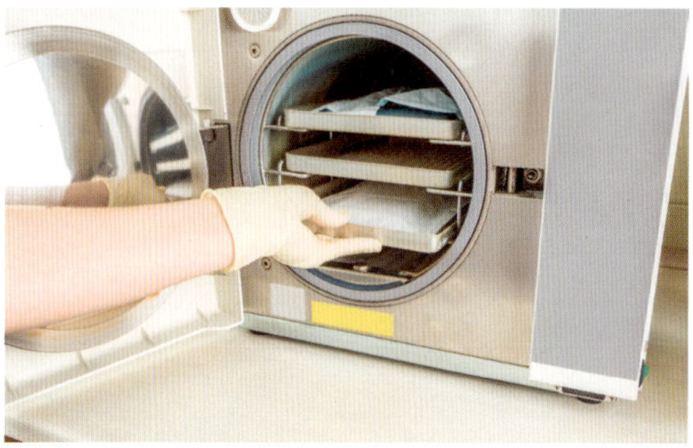

① 건열Dry heat에 의한 소독법

- **건열 멸균법**: 건열Dry heat을 이용하여 160~180℃로 1~2시간 동안 멸균하며 유리나 분말, 스테인레스 종류, 거즈 등의 소독에 이용한다.
- **화염 멸균법**: 불꽃에 20초 이상 접촉시켜 소독하며 핀셋, 금속, 유리제품의 소독에 이용한다.
- **소각 소독법**: 소각장에서 불에 태워 처리하는 가장 쉽고 안전한 방법으로 쓰레기, 재활용을 하지 못하는 일회용 물질, 객담, 의류, 휴지, 토사물 등의 소독에 이용한다.

② 습열을 이용한 방법

- **자비 소독법**: 소독물을 100℃에서 20분 이상 끓는 물에 직접 넣어 사멸하며 금속기구, 접시, 도자기, 의류, 유리제품의 소독에 이용한다.
- **저온 살균법**: 저온을 이용한 살균법으로 62~63℃에서 30분 동안 소독하며 영양성분 파괴 방지 및 맛의 변질을 막을 때 이용한다. 주로 우유, 포도주 등의 부패방지에 사용한다.
- **고압증기 멸균법**: 고온, 고압의 수증기를 120~135℃, 15~20분 동안 미생물과 포자에 접촉시켜 사멸하며, 아포 및 모든 미생물을 빠른 시간 내에 사멸시키는 가장 효과적이고 경제적인 방법으로 가장 널리 사용된다. 수증기가 통과함으로써 용해되는 물질에는 사용할 수 없으며 주로 수술기구, 금속제품, 린넨류, 유리, 고무제품, 도자제품에 이용한다.

③ 자외선 소독법

- 260nm~280nm의 자외선을 이용하여 살균하며 브러시 또는 메이크업 도구들을 위생적으로 유지하는 데 효과적이다.
  이러한 물건들은 소독기 안에 넣기 전에 비누와 물로 도구들을 깨끗이 세척하고 이들을 알코올 용액 속에 담기 두었다가 건조시킨 후 자외선 소독기에 보관하고 사용하도록 한다.
  자외선 소독기는 일단 살균된 기구들을 위생적으로 보관하기 위해서 메이크업 숍에서 이용된다.

(3) 화학적 소독법

① 알코올

일상적으로 수용액에서 살균력이 가장 강하므로 도구 및 기구 소독에 가장 널리 이용되나 세균포자 및 사상균에 대해서는 효과가 없으며 가격이 저렴한 장점이 있다.

• 에탄올Ethanol

의료용 소독제로 일반적으로 흔하게 사용되며 70~80%의 농도로 손, 피부 및 기구 소독에 주로 사용한다.

• 메탄올Methanol

알코올계 유기 화합물로 메틸 알코올은 피부나 손에 손상을 줄 수 있으며, 가연성이기 때문에 열이나 불꽃에 노출된 곳 근처에서 사용할 때는 주의를 요한다.

• 이소프로판올Isopropanol

살균력이 에탄올보다 좋으나 독성 및 자극적인 냄새가 에탄올보다 강하며 주로 30~50%의 농도로 사용하며 피부 소독, 기구 소독 등에 주로 사용한다.

② 과산화수소

과산화수소를 2.5~3% 수용액옥시풀으로 사용하며 이는 자극성이 적어 상처의 표면과 인후염, 구내염 등에 이용한다. 과산화수소는 농도가 진한 것은 약 35%로 피부에 닿으면 화상을 입을 수 있기 때문에 조심히 다루어야 한다.

과산화수소는 높은 온도에서 분해가 되기 쉬우므로 보관할 때에는 갈색병에 넣어 보관한다.

③ 염소

살균력, 자극성, 부식성 등이 강하여 상하수도의 소독에 주로 쓰인다. 염소 소독제를 사용할 때는 소독제의 사용 농도와 작용 시간을 지키는 것이 중요하다.

3. 메이크업 숍의 환경 및 위생

(1) 메이크업 숍의 환경관리

메이크업 숍은 많은 사람들이 오가는 곳이므로 청결과 위생은 기본적인 사항으로 작업실 및 상담실의 환경과 유해 요인을 구분하여 유해 요인 제거를 위한 관리를 하여야 한다.

① 실내 환기시설을 설치하여 쾌적한 실내공기를 유지한다.

② 실내 공기는 온도와 습도가 적당해야 하며, 통풍이 잘되어야 하고 나쁜 냄새가 나지 않도록 한다.

③ 배출 통풍기와 에어컨으로 통풍과 온도, 습도를 조절해 주며 실내 온도는 25℃ 정도로 유지시키는 것이 적절하다.

④ 바람이나 온도 차에 의해 이루어지는 환기로, 실내·외의 온도 차가 5℃ 정도가 되면 공기의 순환이 촉진되며 창문을 여는 방법을 이용한다.

⑤ 환풍 시설, 냉·난방 시설의 필터를 깨끗히 청소하고 주기적으로 필터교체를 한다.

⑥ 일반 실내 소독은 2% 석탄산용액, 3% 크레졸용액, 요오드포르액, 역성 비누를 사용한다.

⑦ 화장실, 쓰레기통, 하수구는 분변에는 생석회, 변기 또는 화장실 내에는 석탄산수, 크레졸수, 포르말린수를 뿌린다.

⑧ 대소변, 배설물, 토사물은 소각하고 소독약품석탄산수, 크레졸수, 생석회 분말 등 모직물은 일광소독, 증기소독, 자비소독을 사용하거나 크레졸수, 석탄산수에 2시간 정도 담근다.

⑨ 살균기 내의 화학용액들을 자주 교환한다.

⑩ 메이크업 숍은 항상 밝고, 따뜻하며 적절한 통풍으로 신선하며 깨끗하고, 위생적인 환경이 유지되어야 한다.

⑪ 메이크업 숍 안의 벽과 커튼, 그리고 바닥을 자주 청소하여 청결을 유지해야 한다.

⑫ 모든 설비에는 냉·온수가 공급되어야 하며, 마시는 물일회용 물컵이 있는과 같은 식수설비가 제공되어야 한다.

⑬ 모든 배관 설치물들은 적절하게 설치되고 유지되어야만 한다.

⑭ 건물 내에 쥐와 파리, 그리고 다른 해충들이 없어야 한다.

⑮ 작업장을 요리와 숙소 등의 생활 공간으로 사용하지 않아야 한다.

⑯ 바닥에 떨어진 쓰레기는 즉시 주워서 밀폐된 용기 안에 두어야 하며, 쓰레기통은 자주 깨끗하게 비워 쓰레기가 없게 해야 한다.

⑰ 화장실은 청결을 유지하고 비누, 종이 수건, 화장지를 준비해 두어야 한다.

⑱ 모든 더러워진 물건과 사용한 것들은 사용 후 즉시 작업장에서 치운다.

⑲ 사용한 물건과 사용하지 않은 위생적인 것들이 섞여서는 안 된다.

⑳ 고객이 착용한 가운이나 머리띠는 다시 세탁해서 소독이 될 때까지 다른 고객이 입어서는 안 된다.

㉑ 어떠한 애완동물도 메이크업 숍에 들어오는 것을 허용해서는 안 된다.

4. 메이크업 도구의 위생관리

① **베드, 화장대, 미용의자**: 오염물질을 소독액으로 표면을 소독한다.

② **수건, 터번, 헤드캡, 가운**: 자비소독, 일광소독, 증기소독 등을 한다.

③ **금속기구, 초자기구, 도자기, 나무 제품, 플라스틱 제품**: 자비소독, 고압증기멸균 소독을 한다.

④ **소독약품으로 씻을 경우**: 크레졸수, 석탄산수, 포르말린액 2%를 사용한다.

⑤ 소독한 기구가위, 브러시, 유리볼는 자외선 소독기에 보관한다.

⑥ 컵, 면도날, 면봉은 일회용을 사용한다.

⑦ 메이크업 등의 제품을 사용한 후 꼭 뚜껑을 닫아서 공기접촉을 피하고, 반드시 소독된 스파튤러를 이용하여 제품을 덜어서 사용하며 직사광선을 피해서 보관한다.

⑧ 사용한 브러시는 사용 후 즉시 세척하여 건조하여 보관한다.

⑨ 아이래시 컬러의 사용 시 고무 부분를 잘 닦아 주면 탄력을 주어 오래 사용할 수 있다.

⑩ 파운데이션 스펀지의 경우 반드시 1회만 사용하고 고객이 바뀌면 즉시 교체한다.

⑪ 자주 사용하는 분첩, 립스틱 용기, 얼굴에 사용하는 기구, 사용하는 면봉, 마스카라 브러시, 눈화장 연필과 브러시 등은 어떤 것이라도 반드시 소독해서 사용해야 한다.

⑫ 로션, 크림, 분말, 그리고 이와 유사한 화장품들은 깨끗한 밀폐용기 안에 두어야 한다. 용기 안에 있는 제품을 사용할 때에는 스파튤러spatula을 사용해야 하며, 화장품을 바를 때는 화장솜 또는 화장용 라텍스를 사용한다.

⑬ 화장품 용기 안의 제품을 다 쓰더라도 가급적 다른 제품을 용기 안에 넣어서는 안 된다.

⑭ 퍼프는 사용 후 정기적으로 세척하여 위생적으로 사용해야 한다.

⑮ 작업이 끝난 후에는 뚜껑이 있는 제품은 반드시 뚜껑을 덮어 보관한다.

⑯ 뚜껑이 없는 제품의 경우 수건을 덮어 두거나 수납장 안에 보관한다.

⑰ 고객에게 사용된 모든 도구들은 살균한다.

⑱ 사용하는 동안 모든 도구들은 위생적인 용기 안에 넣어 둔다.

⑲ 각각의 고객에게 작업을 하기 전후에 모든 타월과 도구들을 위생 처리한다.

⑳ 고객들이 사용하고 난 도구 등은 알코올 등으로 닦고 소독한다.

㉑ 메이크업을 할 때 사용된 모든 도구들과 물건들은 세척하고 위생 처리하여 종류별로 분류하여 밀폐된 용기나 수납장 위생용기 안에 보관한다.

5. 메이크업 도구의 배열

① 메이크업 제품과 도구를 메이크업 주제에 따라 메이크업 아티스트가 사용하기 용이하도록 계획적으로 배열한다.
② 메이크업 제품을 배열할 때 위생상 수건이나 천 등을 깔고 그 위에 배열한다.
③ 작업하는 사람이 오른손을 사용할 경우 브러시는 오른쪽에 놓는다.
④ 제품의 종류나 색상별로 동일한 제품을 색상별로 준비한다.
⑤ 브러시는 작업 전 통에 꽂거나 수건을 깔고 종류별로 배열한다.
⑥ 작업 전 메이크업 제품의 뚜껑을 열어 작업이 용이하도록 한다.
⑦ 작업에 필요한 재료 및 도구들을 미리 종류별로 배열한다.

6. 메이크업 아티스트의 위생관리

① 메이크업 아티스트는 작업이 용이하며 '전문성과 신뢰감이 나타나는 복장'을 착용하며 항상 '단정하고 청결한 차림'을 유지해야 한다.
② 피부와 머리카락은 자주 샴푸하며 머리의 모양은 단정하게 하고 머리카락이 흘러내리지 않도록 밴드 등으로 깨끗하게 고정한다.
③ '구강 청결'을 위해 음식물을 섭취한 후 반드시 양치를 하여 고객들에게 불쾌감을 주지 않도록 하며 작업 중 껌을 씹지 않는다.
④ 작업 전·후 '수시로 세제를 이용하여 손가락 사이사이까지 꼼꼼하게 손을 씻고' 알코올을 이용하여 소독한다.
⑤ 메이크업 아티스트는 고객에게 관리를 시작하기 전과 후 그리고 화장실을 사용하고 난 뒤에 '손을 철저하게 씻고 소독'해야 한다.

⑥ 메이크업 아티스트는 작업을 하면서 자신의 얼굴이나 머리카락이 '고객의 얼굴에 닿지 않도록' 해야 한다.

2. 메이크업의 기본 도구

(1) 메이크업 브러시

① 파운데이션 브러시Foundation Brush

메이크업 베이스나 파운데이션을 바를 때 사용하는 브러시로 일반적으로 탄력 있는 합성모를 사용하며 부드럽고 자연스런 표현을 위해 천연모를 사용하기도 한다.

크림 타입 치크 메이크업 제품이나 아트 메이크업용 라이닝 컬러를 표현할 때도 사용한다.

② **컨실러 브러시**Concealer Brush

컨실러 제품을 사용할 때 브러시는 대체로 납작하고 탄력 있는 합성모가 일반적이지만, 눈에 자극이 없는 둥근 형태의 천연모를 사용하기도 한다.

③ **아이섀도 브러시**Eyeshadow Brush

아이섀도 브러시의 종류는 베이스 컬러용, 메인 컬러용, 하이라이트용, 포인트 컬러용 등으로 다양한 크기로 준비하는 것이 깨끗하게 색을 표현하기에 용이하다.

둥글고 크며 넓적한 브러시는 눈꺼풀의 넓은 부위를 표현하는 베이스 컬러 작업시 사용하는 것이 효과적이며, 작고 가는 납작한 브러시는 선명한 선을 표현하는 포인트 컬러 작업시 사용하는 것이 좋다. 사용 부위에 따라 브러시의 크기를 조절하여 효율적으로 사용할 수 있다.

메이크업에 사용하는 브러시의 재료는 담비 털, 족제비 털, 염소 털, 오소리 털, 합성섬유 등 여러 종류를 사용한다.

④ 아이라인 브러시Eyeline Brush

아이라인의 선을 섬세하고 깨끗하게 그리기 위해서는 크기가 작고 길이가 길며 뾰족한 아이라인 브러시가 효과적이다. 겔 또는 케이크 아이라이너를 사용 시 탄력 있는 얇은 형태가 사용이 용이하다.

⑤ 사선 브러시Angle Brush

납작한 사선 형태이므로 좁은 부위인 눈썹 부위의 선을 세심히 그리거나 선적인 이미지를 표현하기에 적합하다. 탄력이 있으며 부드러운 담비 털이나 뻣뻣한 돼지 털로 만들어진 것이 일반적이다.

⑥ 스크루 브러시Screw Brush

눈썹 색이 너무 짙게 표현되었을 때 빗어서 색을 옅게 하거나 눈썹결을 정리해 주는 브러시이다. 또한, 마스카라가 뭉쳐지게 발라졌을 때 가볍게 빗어 주는 경우에도 사용한다.

⑦ 아이브로 콤 브러시Eyebrow Comb Brush

헤어가 있는 방향의 브러시는 눈썹색의 농도 조절, 방향, 형태를 정리할 때 사용하며, 플라스틱 형태의 빗으로는 눈썹 길이를 체크하여 고르게 커팅할 때, 마스카라 사용 후 눈썹이 뭉쳐서 엉겨붙지 않게 빗어 주는 역할을 한다.

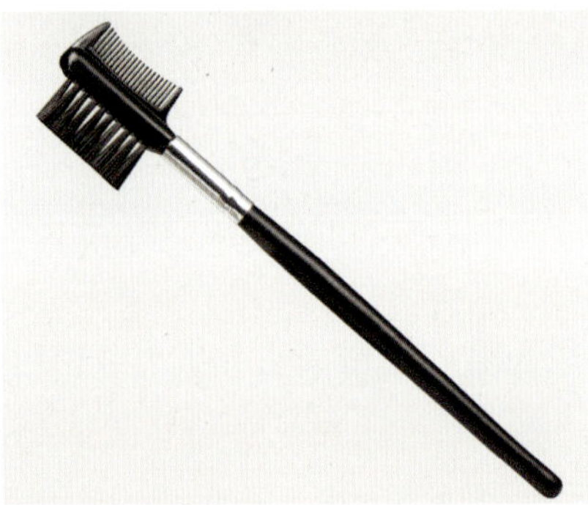

⑧ 페이스 브러시Face Brush

메이크업 브러시 중 가장 크고 부드러운 브러시로 퍼프 대신에 파우더를 소량 바를 때 사용하거나 과다한 양의 파우더를 털어낼 때에도 사용한다.

⑨ 팬 브러시Fan Brush

파우더를 바른 후 남은 여분의 파우더를 털어 내거나 눈밑에 아이섀도가 떨어지는 것을 방지하기 위해, 파우더를 얹을 때도 사용하는 부채꼴 모양의 브러시이다.

⑩ 립 브러시Lip Brush

립 브러시는 부드럽고 탄력 있는 담비 털과 같은 소재가 좋다. 끝이 둥근 라운드형 브러시는 곡선적인 입술을 그릴 때, 스트레이트형 브러시는 각진 입술과 구각을 그릴 때 용이하다.

⑪ 블러셔 브러시Blusher Brush

볼에 혈색 부여와 윤곽 수정을 목적으로 하며 넓은 부위에 사용하므로 부드러운 고급 천연모의 염소 털, 담비 털 등을 사용한 것이 좋다.

볼의 넓은 부위를 자연스럽게 바를 때는 둥글고 큰 브러시를 사용하며, 끝이 수평으로 잘린 둥근 형태는 강하고 균일하며 정확한 색상표현을 하고자 할 때 사용하며 사선 형태의 브러시는 안면 윤곽수정 시 주로 사용한다.

3. 기타 도구 및 물품

(1) 스펀지Sponge

파운데이션이나 베이스 등을 쉽게 펴 바를 때 사용한다. 스펀지 종류에는 라텍스 스펀지latex sponge, 합성 스펀지complex sponge, 해면 스펀지sea sponge가 있으며 모양도 여러 종류가 있다.

메이크업 부위에 맞춰 잘라 쓰기도 하며, 사용 후 가위로 잘라 내거나 세척하여 사용하기도 하지만, 고객용으로 사용 시에는 일회용으로 사용한다.

(2) 파우더 퍼프Powder Puff

페이스 파우더를 바를 때 사용하는 분첩으로, 면 퍼프가 부드러우며 뭉치지 않게 발라진다.

퍼프는 모델의 얼굴과 메이크업 아티스트의 손이 접촉되어 일어나는 화장의 흐트러짐이나 비위생적인 문제점을 방지하는 역할을 한다.

사용 후 미지근한 물의 중성 세제를 이용하여 형태를 유지하면서 세척하며 마른 수건위에서 건조한다. 퍼프는 2개 이상 준비해야 한다.

(3) 눈썹 정리용 커터Cutter

눈썹을 정리하는 전용 칼로써 눈썹이 난 방향과 반대로 커팅할 때 사용한다.

(4) 눈썹 수정 가위

눈썹 수정 시 불필요한 눈썹을 잘라 내거나 인조 속눈썹을 다듬거나 잘라낼 때 사용된다.

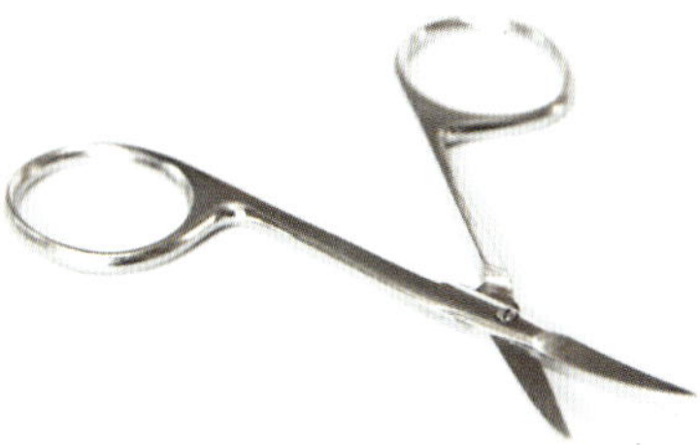
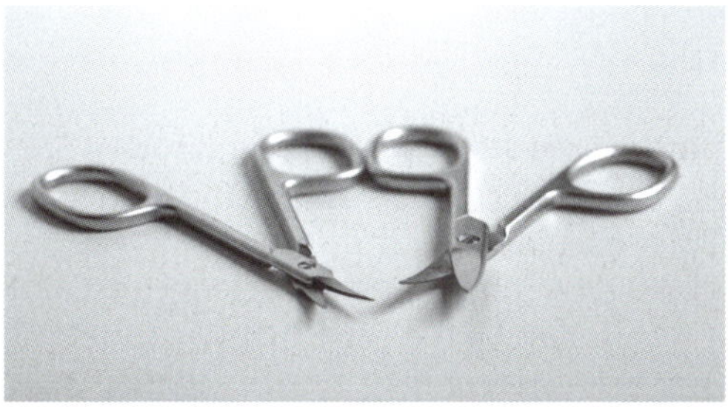

(5) 족집게Tweezer

얼굴에 묻은 이물질을 제거하거나 눈썹 정리 시 또는 인조 속눈썹을 붙일 때에도 사용한다.

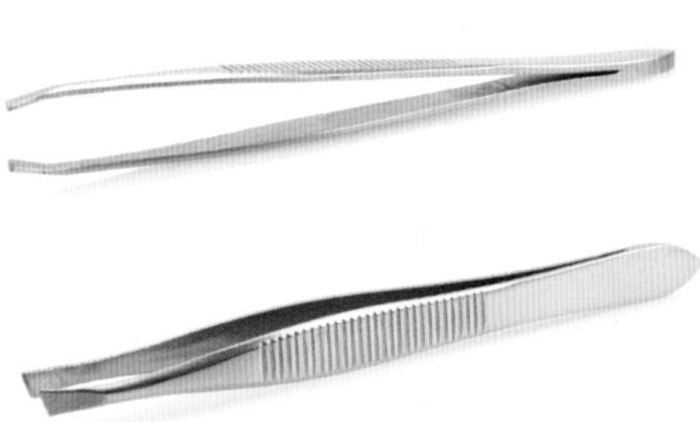
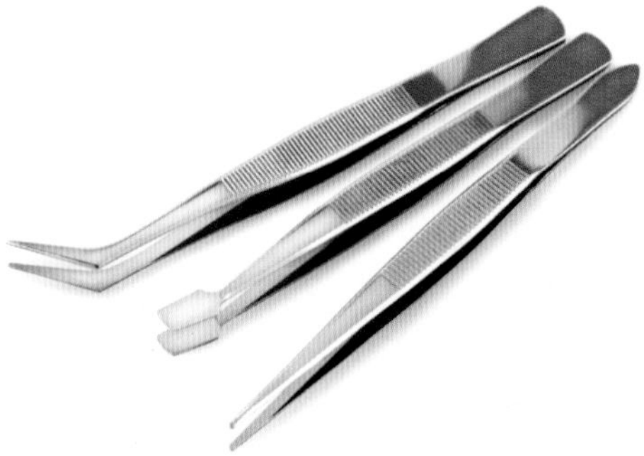

(6) 화장솜

화장솜은 토너 등의 화장수를 바를 때나 피부 표면의 각질 제거와 아이섀도, 립스틱, 마스카라 등 포인트 메이크업을 지우는데 사용한다.

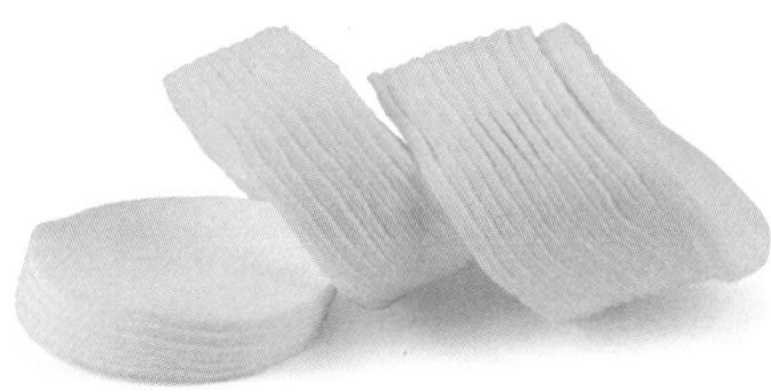

(7) 티슈 페이퍼

피부에 피지나 크림 등의 유분기를 제거하거나 아이섀도·파우더의 농도 조절 및 브러시에 묻은 아이섀도 컬러의 농도 조절이나 립 컬러를 바르고 고착시키기 위해 누를 때 사용한다.

(8) 면봉

메이크업을 깔끔하게 유지할 수 있도록 하므로 항상 준비한다. 양쪽 눈 끝이나 언더라인을 깨끗하게 해주거나 섀도를 자연스럽게 펴 주며 잘못된 립스틱을 수정하거나 아이라인 또는 마스카라가 번진 경우에도 사용한다.

(9) 스파튤러Spartular

스테인레스 스틸이나 플라스틱으로 된 것이 있으며, 립스틱·크림·파운데이션 등을 용기에서 덜어내어 위생적으로 사용할 수 있으며, 색상을 섞거나 농도를 조절할 때도 사용한다.

(10) 팔레트Palette

파운데이션, 립스틱, 크림타입 컬러 등 기타 다른 재료를 혼합할 때 사용하며 믹싱이 용이하고 위생적이다. 스테인레스 스틸이나 종이, 고무로 된 재질이 있다.

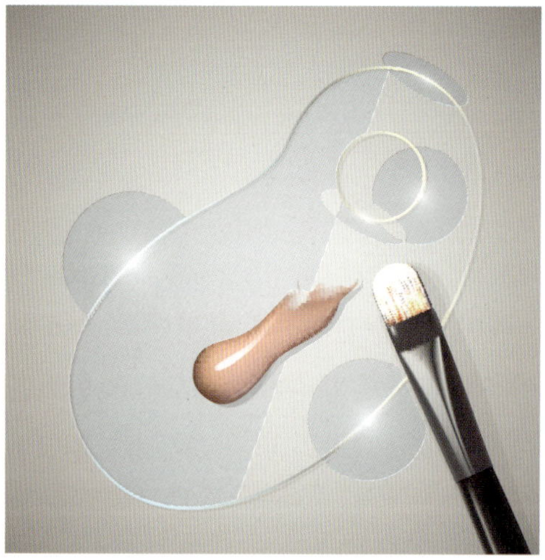

(11) 아이래시 컬러Eyelash Curler

속눈썹에 자연스러운 컬을 주어 곡선으로 올려 주는 기구로서 고무에 탄력이 있는 스테인레스 스틸 제품을 사용하는 것이 좋다. 충전식 눈썹 고데기로 간편하고 빠르게 효과를 볼 수 있는 제품도 있다.

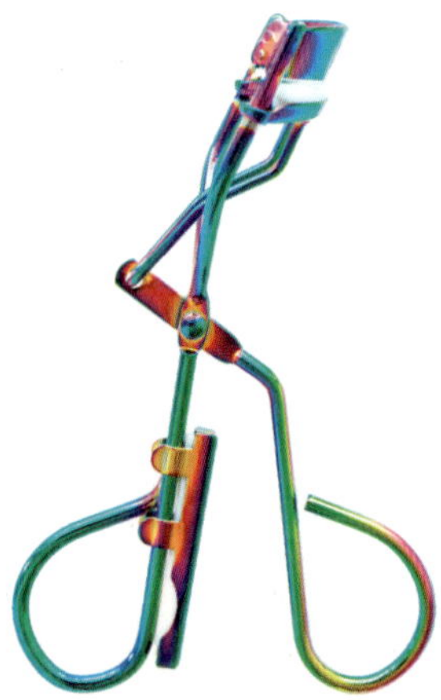

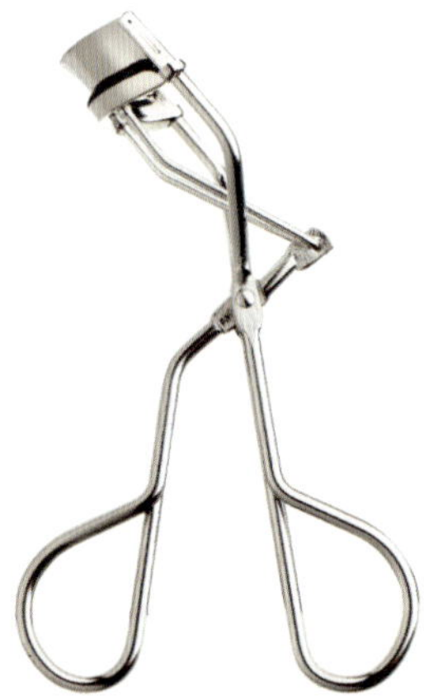

Chapter 4
메이크업 디자인

1. 고객 분석
2. 얼굴형과 수정 메이크업
3. 메이크업과 빛(조명)

Chapter 4

메이크업 디자인

1. 고객 분석

1. 고객의 요구와 서비스 전략

메이크업 아티스트는 테크닉만으로 고객이 원하는 스타일을 만들어 내는 것이 아니다. 고객의 특성과 심리를 잘 파악하고 서비스의 수준을 높여 고객 만족, 더 나아가 고객감동을 이뤄내는 것이 중요하다.

(1) 고객의 정의

국어사전에 따르면 고객이란 "상점에 물건을 사러 오는 손님"이란 뜻과 "단골로 오는 손님"이라는 두 가지 뜻이 있다. 고객의 '고'를 '돌아볼 고顧'자로 쓰는 것으로 보아 자주 물건을 사러 오는 단골손님의 뜻이 강하며 손님을 귀하게 여겨 다시 찾는 손님이 되게끔 해야 한다는 의미도 담고 있다.

1) 고객의 요구

① 고객은 고품질의 기술과 서비스를 편안한 상태에서 받고 싶어 한다.

② 고객은 관심을 보이고 자신을 기억해 주기를 바란다.

③ 고객은 중요한 사람으로 대우해 주기를 바란다.

④ 고객은 환영받고 칭찬받고 싶어한다.

2) 고객의 기대

① 메이크업 아티스트가 전문가적 감각을 갖고 있기를 기대한다.

② 시술이 정확하고 노련하기를 기대한다.

③ 상담의 신뢰도가 높기를 기대한다.

④ 예의바르고 정중한 태도를 기대한다.

⑤ 작업시간과 요금이 적정하기를 기대한다.

⑥ 위생적이고 분위기가 쾌적하기를 기대한다.

3) 고객 서비스

① 언어 서비스

의사소통의 대표적인 수단인 언어로 이루어지는 고객 서비스의 비중이 크다. 방문 고객이 처음 접하는 인사말처럼 언어를 통해 받는 느낌이 서비스를 평가하는 데 영향을 미친다. 그러므로 메이크업 아티스트는 때와 장소를 구분하여 '적절한 언어를 구사'할 수 있도록 해야 한다.

② 청각 서비스

고객의 귀는 항상 열려 있고, 대화를 포함한 모든 소리가 고객 서비스이다. 특히 불필요한 소음이 발생하지 않도록 주의하고 음악을 활용하거나 방음시설을 확보하여 외부 소음을 차단해야 하고 직원들 간에는 나지막하고 간결하게 대화한다.

③ 시각 서비스

용모나 복장, 태도 등 고객의 시각적 판단에 영향을 미치는 서비스에도 관심을 가져야 한다. 매일 복장과 용모를 점검하여 깔끔한 상태를 유지하고, 움직임과 자세 등 바른 태도로 서비스하고 있는지를 점검한다.

(2) 고객 상담

메이크업 상담은 아티스트가 더 나은 기술과 서비스를 제공하기 위해 고객의 상황을 파악하고 탐색하는 시술 과정의 한 단계이자 서비스의 일종이다. 올바르고 정확한 상담이 선행되지 않을 경우 고객이 충분한 만족을 얻지 못할 가능성이 높다.

1) 사전 상담

방문 고객과 시술 전에 하는 상담이다. 소요 시간, 비용, 자신에게 적합한 시술이 어떤 것인지 등 고객의 의문점이나 궁금한 점에 대해 정확한 지식과 정보를 제공하여 신뢰를 키우고 고객의 불안감을 해소하는 기능을 한다.

2) 시술 중 상담

고객은 시술 결과를 미리 알 수 없고 자신이 원하는 스타일도 확신할 수 없기 때문에 중간 점검을 통해 만족도 등을 확인하고, 필요한 경우에는 설명이나 수정을 하는 상담이다. 시술 중 상담을 통해 고객이 원하는 바를 좀 더 구체화해야 하고 고객에게 더 어울리는 스타일을 제시할 수 있어야 한다.

3) 시술 후 상담

크린싱 방법이나 홈케어 등 쉽게 관리하는 방법을 알려준다거나 다음 방문 시기를 정해주는 등 시술 상태에 대한 점검 및 사후관리 차원의 상담이다.

(3) 고객 카드

상담이 끝난 다음 고객이 시술을 받기로 결정하면 고객 카드를 작성한다. 고객 카드는 고객과 관련된 시술 및 서비스 내용에 대한 정확성을 기하자는 목적과 고객의 개인적인 특성 때문에 발생할지 모르는 부작용 방지 및 트러블 가능성이 있는 제품 사용 방지 등의 목적을 위해 작성한다. 또한, 고객의 재방문 시 상담 자료로 활용하거나 사후관리, 광고물 발송 등에 활용할 수 있다.

1) 고객의 인적사항

특정고객을 타 고객들과 구별하여 식별하고, 고객과 소통할 수 있는 가장 기본적인 정보로 이름, 성별, 나이, 연락처와 주소, 직업 등을 기록한다.

2) 고객의 특징

얼굴 형태, 모발과 피부 타입 및 상태, 피부 색상 등으로 메이크업 디자인의 방향이나 스타일을 결정하는 데 필요한 정보를 기록한다.

3) 특이사항

이전에 발생했던 알레르기 반응 및 테스트 결과 등으로, 메이크업 제품 선택에 도움이 되는 정보가 있으면 기록한다.

4) 메이크업 시술 내용

메이크업 T.P.O 내용이나 사용한 제품 등을 기록하여 다음 메이크업 디자인에 참조한다.

5) 선호 스타일

고객이 좋아하는 메이크업 스타일이나 이미지, 색상, 제품 등을 기록한다.

6) 만족도

메이크업을 받은 후 보이는 고객의 반응이나 아티스트가 느낀 점 등을 기록하여 다음 메이크업 디자인에 참조한다.

Tip

메이크업 T.P.O.

고객의 메이크업이 필요한 시간은 Ttime, 메이크업을 하러 가는 장소는 Pplace, 메이크업을 하는 목적은 Ooccasion으로 표현하여 메이크업 T.P.O라고 한다.

① T time, 시간

낮 시간대 메이크업인 데이 메이크업day make up과 저녁 시간대 메이크업인 나이트 메이크업night make up으로 구분한다. 데이 메이크업은 가볍고 자연스럽게 표현하며 나이트 메이크업은 화려한 조명 아래에서도 잘 보이도록 색상이나 선적인 면들을 좀 더 강하게 표현한다.

② P place, 장소

실내 메이크업과 실외 메이크업으로 구분한다. 실내 메이크업은 장소의 크기와 실내 디자인의 화려함, 조명 조건 등에 따라 다양하게 영향을 받는다. 실외 메이크업은 사방이 트인 곳으로 가는 경우이므로 날씨와 온도 등의 영향을 받는다.

③ O occasion, 목적

고객이 메이크업을 받는 목적이 무엇인지에 따라 구분한다. 내추럴 메이크업, 신부 메이크업, 신랑 메이크업, 혼주 메이크업, 파티 메이크업, 포토 메이크업, 무대 메이크업 등 그 목적이 매우 다양하므로 목적을 잘 파악하고 그에 맞는 적합한 메이크업 콘셉트를 결정한다.

표 4-1 고객 카드 예시

고객이름		상담일	년 월 일
성별	남 / 여	생년월일	년 월 일
주소			
연락처			
직업		업무부서 /직책	
얼굴형태		모발색	
피부타입		피부색	
선호 이미지		선호 메이크업 스타일	
선호 색		선호 제품	
특이사항	1.		
	2.		
메이크업 시술	T :		
	P :		
	O :		
만족도	상 / 중 / 하		
기 타			

2. 피부 특성

메이크업 시작 전 고객의 피부 상태, 민감도, 피부 문제 등을 파악하여 메이크업을 위한 사전 피부 관리나 사후 관리 및 메이크업 제품 및 제형을 선택하는 데 필요한 정보로 활용한다.

(1) 정상중성 피부

① 혈액 순환이 원활하며 혈색이 좋다.

② 세안 후 당김이 거의 없고 번들거리지 않는다.

③ 모공이 작아 눈에 잘 띄지 않으며 잔주름이 없다.

④ 피부표면이 매끄럽고 부드러워 메이크업이 잘 표현된다.

⑤ 색소 침착, 여드름, 모세혈관 확장이 없어 피부가 맑고 깨끗하다.

⑥ 수분과 피지 분비가 균형을 이루어 피부 표면이 촉촉하며 탄력이 있다.

(2) 건성 피부

① 세안 후 당기는 느낌이 있다.
② 화장이 잘 받지 않고 들뜨기 쉽다.
③ 피부 조직이 곱고 얇으며 모공이 작다.
④ 추위나 세제에 민감하며 외부 저항력에 약하다.
⑤ 피부 노화가 빠르게 진행되며 건조하고 잔주름이 많다.
⑥ 피지량 감소와 각질층 수분이10% 이하 부족하여 피부 표면이 거칠다.

(3) 지성 피부

① 햇빛이나 바람 등 외부 자극에 강하다.
② 모공이 확장되어 있으며 잔주름이 적다.
③ 각질층이 두껍고 피부색이 둔탁해 보인다.
④ 피지가 과다하게 분비되어 피부 표면이 번들거리며 주로 젊은 층에 많다.
⑤ 피지로 인해 메이크업이 잘 지워지며, 시간이 지나면 칙칙하고 탁해 보인다.
⑥ T존 부위는 과다한 피지분비로 면포나 블랙헤드성 여드름이 생기기 쉽다.

(4) 민감성 피부

① 피부가 쉽게 달아오르고 당긴다.
② 모공이 작고 색소침착이 잘 나타난다.
③ 쉽게 붉어지고 알레르기가 생기는 예민한 피부다.
④ 피부 조직이 얇고 섬세하며 모세혈관이 피부 표면에 보인다.
⑤ 햇빛, 먼지 등 외부 환경이나 화장품 등의 약한 자극에도 민감하게 반응한다.

(5) 지복합성 피부

① 눈가에 잔주름이 많다.
② 메이크업이 고르게 잘 받지 않는다.
③ 화장품에 의해 면포 형성이 잘 된다.
④ 광대뼈, 볼 부위에 색소침착이 나타난다.
⑤ T존 부위는 다른 부분에 비해 모공이 크며 여드름이 쉽게 발생한다.

⑥ 피지 분비량의 불균형으로 두 가지 이상의 피부 성질이 나타나는 피부다.

⑦ T존 부위는 피지가 많아 번들거리며 다른 부분은 건조하고 심하게 당긴다.

3. 얼굴 각 부위의 명칭

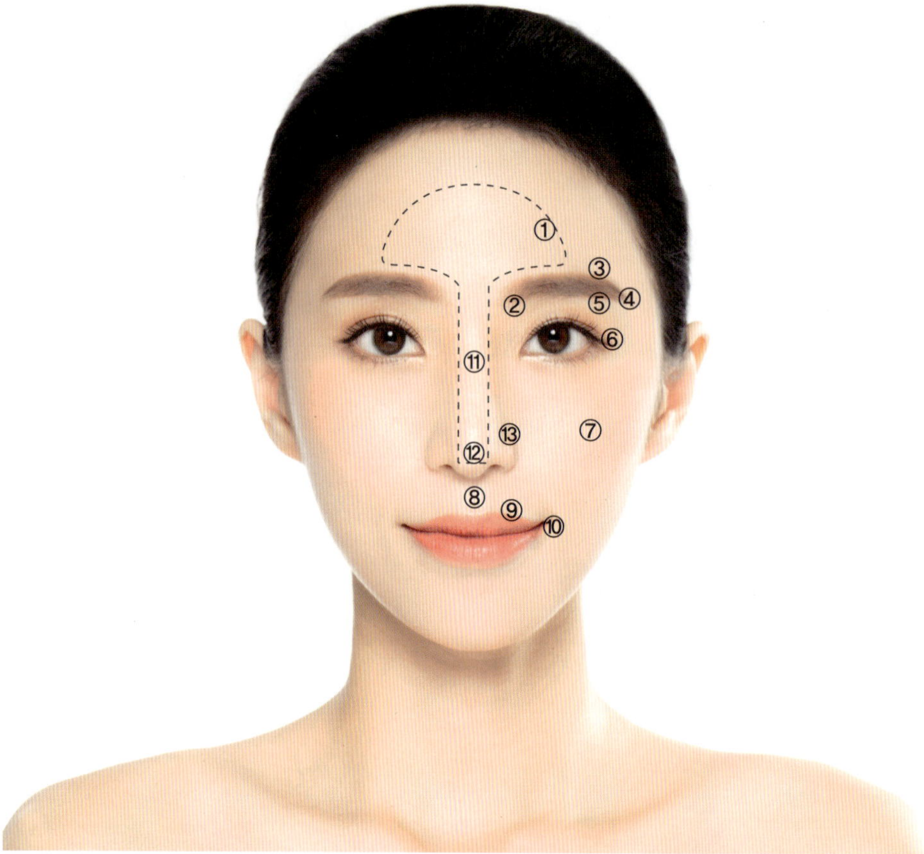

① T–존　② 눈썹머리　③ 눈썹산　④ 눈썹꼬리　⑤ 아이홀　⑥ 눈꼬리
⑦ 광대뼈　⑧ 인중　⑨ 입술산　⑩ 구각　⑪ 콧대　⑫ 코끝　⑬ 콧볼

4. 얼굴의 균형도Face Proportion

얼굴 각 부분들 간의 비율을 그림으로 표현해 놓은 것으로 이상적인 얼굴의 기준이 된다.

얼굴 각 부분들 간의 이상적인 비율을 기억하여 고객의 장점은 살려 더 아름답고 균형 잡힌 얼굴을 만들거나, 결점 부분을 수정하고 보완하여 좀 더 개성 있는 얼굴로 연출한다. 즉, 이상적인 얼굴의 균형도와 비교하여 크거나 넓은 곳에는 셰이딩 컬러를, 좁은 곳에는 하이라이트 컬러를 발라줌으로써 이상적인 계란형에 가깝도록 수정한다.

이상적인 얼굴의 비율에는 황금비율 이론이 적용된다. 얼굴 가로 길이와 세로 길이의 이상적 비율이 1 : 1.618일반적으로 1 : 1.5로 적용하기도 함일 때 가장 아름다운 얼굴형이라고 말한다.

(1) 가로분할얼굴폭

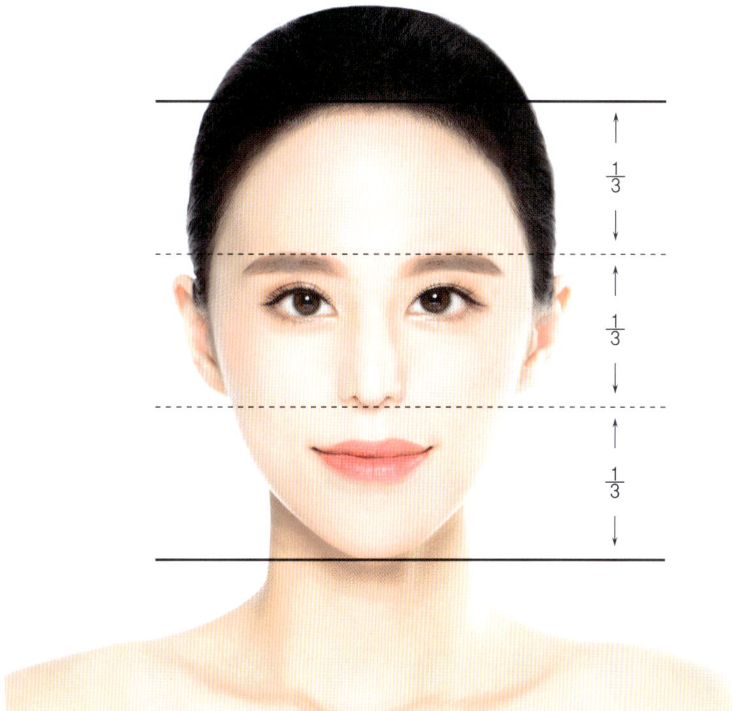

얼굴 정면을 가로로 분할하여 3등분으로 나눌 때 각각의 넓이가 같다.

- 1등분: 헤어라인 – 눈썹
- 2등분: 눈썹 – 코끝
- 3등분: 코끝 – 턱끝

(2) 세로분할얼굴길이

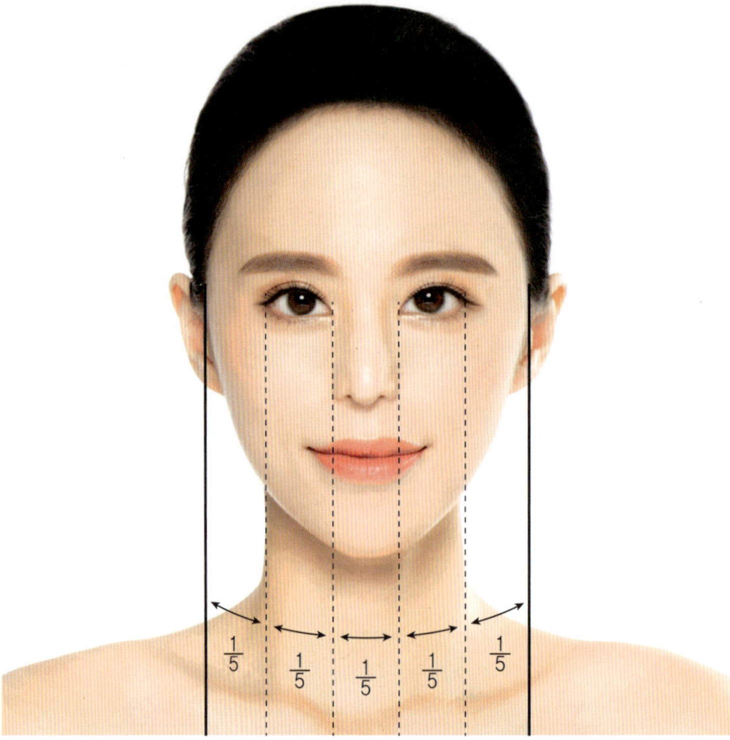

얼굴 정면을 세로로 분할하여 5 등분으로 나눌 때 각각의 폭이 같다.

- 1등분: 헤어라인– 눈꼬리
- 2등분: 눈꼬리 – 눈머리
- 3등분: 눈머리 – 반대 눈머리
- 4등분: 눈머리 – 눈꼬리
- 5등분: 눈꼬리 – 헤어라인

(3) 눈머리

눈의 시작점은 콧볼에서 수직으로 올린 선에 위치하며, 눈과 눈 사이의 길이는 눈의 길이와 같다.

(4) 눈썹

눈썹 앞머리는 코끝에서 수직으로 올린 선에 위치하고 눈썹 꼬리는 콧볼에서 눈꼬리를 연결한 사선과 만나는 지점에 위치한다.

(5) 눈과 눈 사이

눈의 길이와 같고 코의 폭과도 같다.

(6) 입술

정면을 바라보고 눈동자 안쪽선의 연장 수직선과 만나는 지점에 위치하며 윗입술과 아랫입술의 비율이 1:1.5이다.

5. 퍼스널 컬러Personal Color

색채에는 사람의 감정을 자극하는 효과가 있다. 색이 우리의 감정이나 기분에 미치는 효과를 이용하여 고객 별로 피부색상에 어울리는 컬러를 제시하고 메이크업에 활용한다. 특히 색을 통해 느낄 수 있는 온도감을 잘 선택하면 피부색과 어우러져 더 생기 있고 젊게 보이도록 하는 효과가 있다. 색상과 명도에 따라 온도감이 다르게 느껴진다.

(1) 색의 온도감

1) 따뜻한 컬러난색, Warm Tone

- 따뜻한 느낌을 준다.
- 온화하고 풍요로운 감성을 준다.
- 빨강, 노랑, 주황색 등의 색상이다.
- 생리적, 심리적으로 느슨함과 여유를 주어 편안함이 느껴진다.
- 정력적이고 진취적이며 생동감이 있어 실제보다 더 넓어 보인다.

2) 차가운 컬러한색, Cool Tone

- 차가운 느낌을 준다.
- 청록, 파랑, 남색 등의 색상이다.
- 생리적, 심리적으로 침착하고 차분함을 주어 긴장감이 느껴진다.
- 평온하고 수동적이며 이지적이고 후퇴하는 느낌을 주어 실제보다 축소되어 보인다.
- 모던하고 세련되어 보인다.

3) 중성 컬러

- 따뜻함과 차가움을 느끼게 하지 않는다.
- 녹색, 보라, 자주 등의 색상이다.
- 생리적, 심리적으로 편안하여 무난하다.
- 난색과 한색의 중간에 위치하여 중간적 효과를 낸다.

4) 무채색

명도가 높은 흰색에 가까울수록 차갑게 느껴지며 저명도의 검정에 가까울수록 따뜻하게 느껴진다.

(2) 퍼스널 컬러 유형

개인에게 어울리는 색의 유형을 봄, 여름, 가을, 겨울이라는 사계절의 명칭을 이용하여 네 가지 유형으로 분류할 수 있다. 육안으로 얼굴 피부색과 눈동자 색, 머리카락 색을 살펴보고, 정확한 진단을 위해 '퍼스널 컬러 진단 천'을 활용하여 네 가지 타입으로 분류한다.

여름과 겨울 유형은 피부색이 차가운 파란색 바탕이며 봄과 가을 유형은 따뜻한 노란색 바탕을 띤다.

1) 봄 유형

① 신체적 특징

맑은 노란빛의 얼굴색에 투명하고 윤기가 도는 크림색 피부를 갖고 있다. 상대방에게 호감을 주는 이미지로 젊어 보이며 생기발랄하고 귀여운 스타일이다.

② 어울리는 색

노란 기미의 산호색, 옥색, 새싹색 등이다.

③ 메이크업 포인트

- 피부색을 살리는 밝은 메이크업으로 마무리한다.
- 수수한 색이나 아주 바랜 색조는 어울리지 않는다.
- 젊은 느낌이 들도록 선명하고 분명한 메이크업 컬러를 선택한다.

2) 여름 유형

① 신체적 특징

피부는 뽀얗고 부드러우며 흰빛과 푸른빛이 돈다. 햇볕에 잘 타지 않고 붉어지다가 다시 원래의 피부로 돌아온다.

② 어울리는 색

- 푸른 기가 있는 파스텔 블루, 아이보리 계통의 색상이다.
- 파스텔 컬러가 여름 타입의 부드러운 아름다움을 강조해 준다.

③ 메이크업 포인트

- 파운데이션은 피부색에 맞추고 치크나 립으로 여름 타입의 색을 선택한다. 전체는 핑크로 마무리한다.
- 부드럽고 우아한 분위기를 원하면 부드러운 파스텔 컬러로 엘레강스하게 연출한다.
- 블루, 그레이나 퍼플, 핑크나 로즈계의 색상으로 표현하면 잘 어울린다.

3) 가을 유형

① 신체적 특징

피부색은 탁한 노란빛을 띠는 것이 특징이다. 햇볕에 잘 타서 잡티나 기미가 잘 생기고 윤기가 없다. 눈동자 색과 머리카락의 색은 밝은 갈색을 띠는 경우가 많으며, 머리에 윤기가 없고 푸석푸석한 느낌이다.

② 어울리는 색

노란빛이 도는 밝은 갈색류의 색들이 잘 어울린다.

③ 메이크업 포인트

- 브라운계로 농담을 조절하여 깊이를 낸 어른스러운 메이크업이 어울린다.
- 피부의 질감을 살리는 게 포인트로 색감을 그다지 느낄 수 없는 내추럴 메이크업과 골드의 효과를 살린 색조로 연출한다.
- 로즈나 블루 계열의 색상은 사용하지 않는다.

4) 겨울 유형

① 신체적 특징

피부색의 특징은 푸른빛이 돌며 윤기가 많고 투명하다. 눈동자와 머리카락은 선명한 검정색으로 푸른빛이 돈다. 샤프하고 차가우며 개성과 도시 이미지가 강하다.

② 어울리는 색

푸른 기가 도는 차갑고 선명한 색이다.

③ 메이크업 포인트

- 파스텔 계의 색이나 칙칙한 색, 브라운 계의 색을 피한다.
- 포인트는 립 컬러에 두고 선명한 핑크나 레드 중에서 어느 쪽이 잘 어울리는지를 선택한다.
- 샤프한 인상을 살리기 위해 콘트라스트가 강한 배색으로 개성을 강조한다.

2. 얼굴형과 수정 메이크업

일반적으로 '계란형'을 미인의 얼굴형으로 보아 '표준형'이라고 하지만, 계란형 이외에도 시대에 따라 유행하고 선호하는 얼굴형이 있다.

예컨대 현대에는 세련미가 느껴진다는 이유로 약간 역삼각형인 얼굴형을 선호하는 경향이 있다. 또한 같은 얼굴형일지라도 메이크업이나 헤어스타일에 따라 다르게 보일 수 있으므로 얼굴형을 자세히 분석하고 분석 결과를 토대로 결점을 보완하고 수정하여 장점을 살릴 수 있도록 얼굴형에 어울리는 수정 메이크업 법을 알아야 한다.

얼굴형 수정은 밝게 처리하여 돌출되어 보이게 하는 하이라이트 기법과 후퇴되어 작아 보이게 하는 셰이딩 기법을 적용하여 파운데이션이나 케이크 타입의 콤팩트 파우더로 처리한다.

1. 얼굴의 윤곽 수정법

색의 명암 차를 이용해 "착시현상"을 만들어 냄으로써 얼굴에 입체감을 부여하여 단점을 최소화하고 장점을 살리는 메이크업 테크닉이다. 기본 베이스 색상과 밝은 색상 및 어두운 색상을 서로 잘 조화시켜 톤의 경계가 없게 보이도록 한다.

(1) 베이스Base

피부 톤과 같은 톤의 파운데이션으로 목의 색과 비교해서 너무 진하거나 연하지 않은 자연스러운 색을 선정하여 얼굴 전체에 바른다.

(2) 하이라이트Highlight

밝아 보이게 또는 화사하게 보이고 싶거나 돌출시키고자 하는 부위에 피부의 기본 베이스 색상보다 1~2톤 밝은 파운데이션을 사용한다. 이마와 콧등의 T존, 눈밑 다크서클, 눈썹 산 아래 뼈 부분, 턱 부분 등이 해당 부위이다.

(3) 셰이딩Shading

들어가게 보이고 싶은 부분이나 축소되게 보이고 싶은 부분에 기본 베이스 색상보다 1~2단계 어두운 색을 사용한다. 주변과 두드러진 경계가 생기지 않도록 세심하게 그라데이션을 한다. 각진 턱, 넓은 이마, 헤어라인, 얼굴 윤곽 정리, 코벽 등이 해당된다.

2. 긴 얼굴형Oblong Face

(1) 특징

가로 폭은 좁고 세로의 길이가 긴 얼굴형으로 마른 얼굴에서 많이 볼 수 있다. 대부분 이마나 턱이 발달해 있으며 코도 긴 편이다. 조용하고 성숙한 분위기, 우아하면서 인자한 느낌이 장점이지만, 우울한 느낌을 주거나 나이가 들어 보이는 단점이 있다. 장점을 살려서 성숙하고 고상한 아름다움을 연출하거나 긴 얼굴형을 수정하여 젊음과 활력이 느껴지는 이미지로 수정 메이크업을 하는 게 좋다.

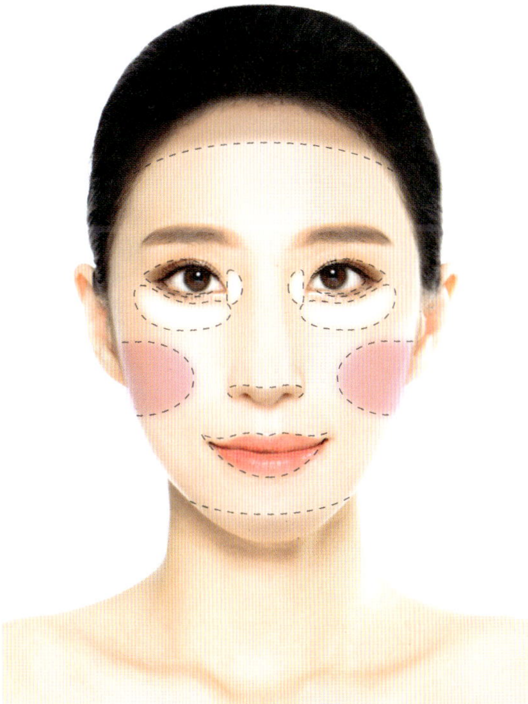

(2) 수정법

① 피부표현Base Make up

전체적으로 가로의 느낌이 들도록 이마와 코끝, 턱을 가로 방향으로 어둡게 셰이딩하여 짧아 보이게 만든다. 이마 중앙과 눈밑에 가로 방향으로 넓게 하이라이트팅을 한다.

② 눈썹Eyebrow

다소 두께감이 느껴지는 직선형으로 그려서 긴 얼굴이 분할되어 보이도록 한다.

③ 눈Eye

수평으로 그라데이션을 하고 난색이나 화사한 색으로 분위기를 밝게 해준다.

④ 입술Lip

양쪽 구각을 살짝 올려서 수평으로 그린다.

⑤ 볼Cheek

가로 방향으로 폭 넓게 발라준다.

3. 둥근 얼굴형Round Face

(1) 특징

얼굴을 수평으로 3등분했을 때 가운데 부분이 넓어 보이는 형이다. 볼과 턱선이 둥글고 이마와 헤어라인의 경계선도 둥글어 귀여운 느낌이 들며 한국인에게서 가장 많이 찾을 수 있는 얼굴형이다. 폭과 길이가 거의 비슷해 얼굴이 짧은 느낌을 주며, 얼굴이 크고 윤곽이 없어 둔해 보이기도 한다. 곡선형을 강조해서 귀여운 이미지가 두드러지게 메이크업을 하면 어리게 보이는 분위기를 연출할 수 있다.

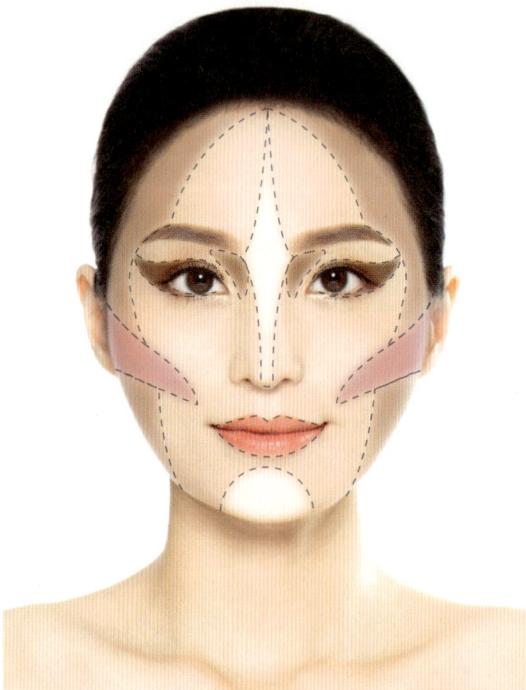

(2) 수정법

① **피부표현**Base Make up

세로선이나 상승선, 각진형 등으로 보완하여 성숙한 이미지로 수정할 수 있다. 얼굴의 세로 길이를 강조하여 전체적으로 길게 보이도록 만드는 게 키포인트이다. 얼굴의 양쪽 측면에 셰이딩과 노즈 섀도를 주고 이마 중앙에서 헤어라인까지 길게, 눈밑, 콧등, 턱 끝에 하이라이트팅을 한다.

② 눈썹Eyebrow

각진 아치형이나 상승형, 사선 형태로 그린다.

③ 눈Eye

한색으로 눈꼬리에 강하게 포인트를 주며 섀도 라인이 위로 향하게 한다.

④ 입술Lip

각이 진 형태로 그려 둥근 이미지를 완화시킨다.

⑤ 볼Cheek

귀 윗부분에서 구각을 향하여 사선이 되도록 폭이 좁게 넣어준다.

4. 사각 얼굴형Square Face

(1) 특징

이마와 헤어라인의 경계선이 직선이고 이마선과 턱선에 각이 져 있으며 볼의 선도 직선에 가깝다. 얼굴의 길이에 비해 가로 폭이 넓어서 평면적이고 안정된 느낌이 든다. 활동적이고 의지가 강해 보이는 남성적인 얼굴형이라서 부드러운 여성적 이미지가 부족하다. 전체적으로 각진 느낌을 살려 메이크업을 하면 신뢰감을 부여하는 활동적인 이미지를 연출할 수 있다.

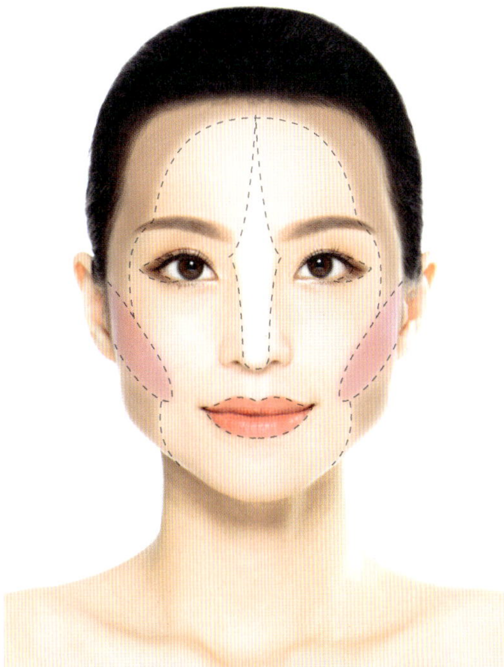

(2) 수정법

① **피부표현**Base Make up

부드럽고 여성적인 이미지로 바꾸기 위해 이마와 턱선의 각진 부분에 셰이딩을 주어 곡선으로 처리한다. 눈밑, 이마와 콧등, 턱끝까지 하이라이트팅을 하고 노즈 섀도를 주어 세로의 길이를 강조하고 뾰족한 느낌이 들지 않도록 그라데이션을 한다.

② **눈썹**Eyebrow

가늘지 않은 곡선형으로 그린다.

③ **눈**Eye

강한 색상보다는 부드러운 색상을 이용하여, 눈 꼬리 부분에 포인트를 주고 관자놀이 방향으로 위로 향하게 상승형으로 그라데이션을 해 준다.

④ **입술**Lip

곡선 형태로 부드럽게 그려준다.

⑤ **볼**Cheek

폭을 좀 넓게 하여 타원형의 느낌으로 턱끝 방향으로 넣어준다.

5. 역삼각형 얼굴형Uninverted Triangular Face

(1) 특징

이마는 넓고 헤어라인 부분은 수평을 이루고 턱이 뾰족한 형으로 이지적이고 세련미가 느껴지는 현대적인 얼굴형이다. 볼이 갸름해 보이는 이미지를 장점으로 살려 이마 양끝에 살짝 셰이딩을 주는 메이크업을 하면 현대적 이미지를 부각시킬 수 있다.

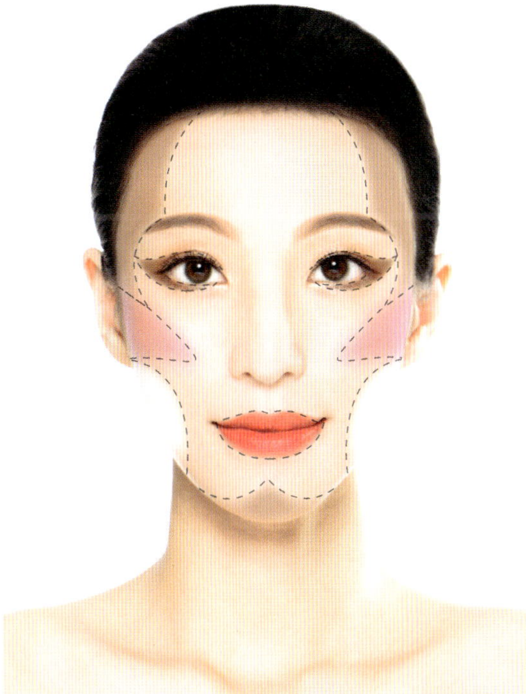

(2) 수정법

① 피부표현Base Make up

이마 양 끝과 턱 끝에 셰이딩을 주고 양볼에 하이라이트를 주어 통통해 보이도록 한다. 이마 중앙, 콧등, 눈밑, 턱 중앙에 하이라이트를 주되 뾰족한 느낌이 들지 않도록 그라데이션을 한다.

② 눈썹Eyebrow

아치형으로 그려 넓은 이마 부분을 위 아래로 길어 보이게 한다.

③ 눈Eye

부드러운 페일톤이나 파스텔톤의 색상을 이용하여 눈 앞머리와 눈 꼬리에 포인트를 주어 넓어 보이지 않게 한다.

④ 입술Lip

밝은 색상을 이용하여 입술 산을 동그랗고 조금 크게 그려 얼굴에 여유로운 느낌을 준다.

⑤ 볼Cheek

부드러운 색상을 선택하여 광대뼈 약간 위쪽에 코끝을 향하여 블러셔를 넣어준다.

6. 삼각형 얼굴형Triangular Face

(1) 특징

이마는 좁으며 양쪽 턱선이 넓은 형으로 볼에 살이 많거나 턱뼈가 튀어나온 사람의 얼굴형이다. 차분하고 안정감이 있으며 풍만한 느낌을 주지만 자칫 고집스럽거나 심술궂어 보일 수도 있다. 40대 이후 중년층의 여성에게서 많이 볼 수 있는 얼굴형이다.

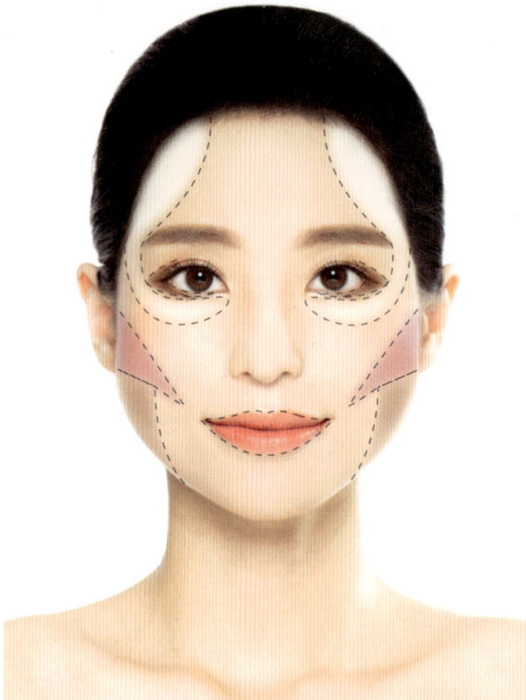

(2) 수정법

① **피부표현**Base Make up

이마와 눈 주변을 밝게 처리하여 빈약해 보이는 부분을 보완해 주며 턱뼈 양 끝에 셰이딩을 넣어 준다.

② **눈썹**Eyebrow

눈썹 길이는 길거나 가늘지 않은 수평 형으로 그린다. 너무 가늘게 그리면 자칫 나이가 들어 보일 수 있으므로 주의한다.

③ **눈**Eye

부드러운 색, 난색으로 눈 끝에 포인트를 준다.

④ 입술Lip

부드러운 형태로 입술 구각을 양쪽으로 길게 연장하여 그려 넓은 볼이 커버되도록 한다.

⑤ 볼Cheek

부드러운 톤으로 광대뼈 밑에서 입꼬리를 향해 넓고 길게 타원형으로 연결시키고 양볼을 감싸듯이 그라데이션을 한다.

7. 코 수정 메이크업

(1) 코의 특징

얼굴에서 코는 중심을 잡아 주는 역할을 한다. 코의 모양에 따라 이미지가 많이 달라지므로 코의 길이와 콧볼, 코 벽 등의 하이라이트와 셰이딩을 이용한 수정 메이크업을 통해 균형 잡힌 아름다운 코 메이크업을 한다.

① 이상적 코의 길이

눈썹에서 코끝까지의 길이는 얼굴 세로 길이의 1/3이다.

② 이상적 코의 넓이

양 콧볼의 넓이가 한쪽 눈의 길이와 같다.

(2) 큰 코

① 특징

얼굴 전체적 균형상태로 볼 때 콧볼과 콧대의 폭이 넓은 코로 투박하게 느껴진다.

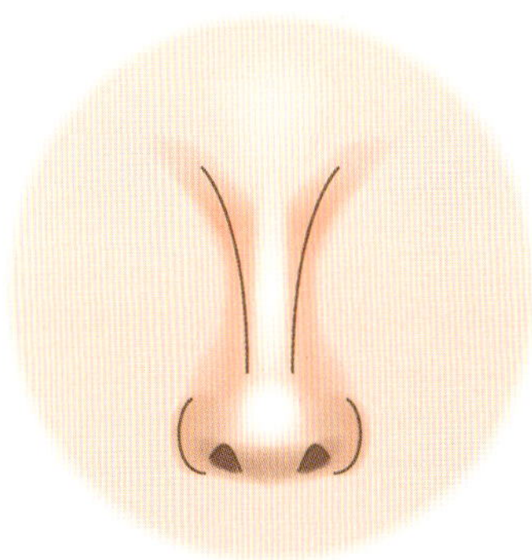

② 수정법

콧등에 하이라이트를 하고 양쪽 콧볼과 측면 부분에 셰이딩을 한다.

(3) 짧은 코

① 특징

코의 길이가 얼굴 길이의 1/3보다 짧아서 발랄한 느낌을 주고 어려보이기도 하나 성숙미는 떨어진다.

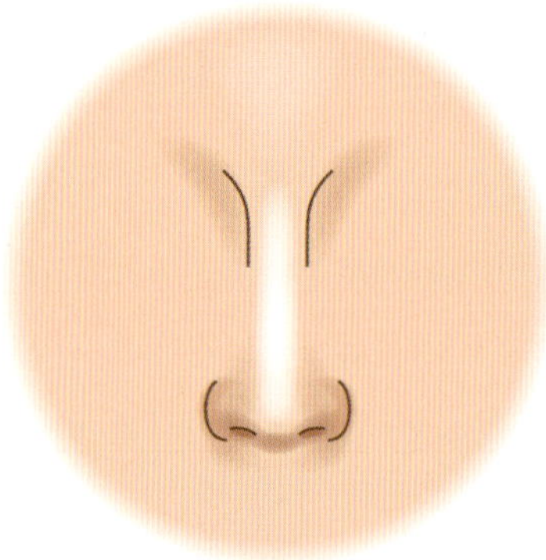

② 수정법

콧등에서 코끝까지 길게 하이라이트를 하여 돌출되고 길어 보이도록 강조하고 측면 부분에 셰이딩을 은은하게 한다.

(4) 긴 코

① 특징

코의 길이가 얼굴 길이의 1/3보다 긴 경우로 얼굴 세로의 중간부분이 길게 느껴진다. 피로하게 보이고 지쳐 있는 듯이 보여서 나이가 들어 보인다.

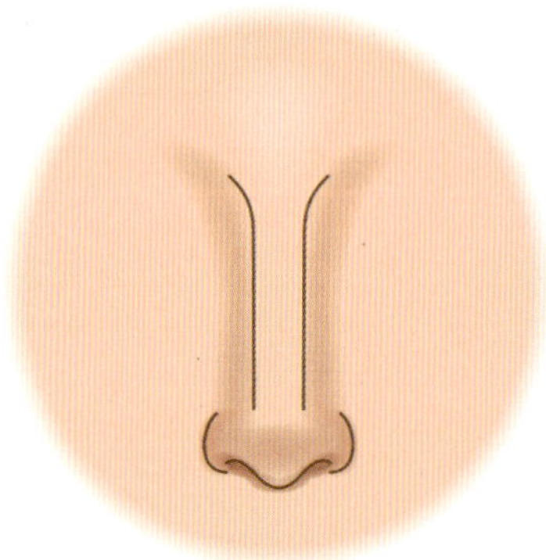

② 수정법

코끝 끝에 가로로 셰이딩을 한다.

(5) 휘어진 코

① 특징

콧대가 바르지 않고 어느 한쪽으로 치우치거나, 콧대가 바른 모양으로 내려가지 않고 어느 한 부분이 옆으로 퍼져 보이는 코이다. 모양으로 볼 때 아름답지 않고 고집스럽게 보일 수 있다.

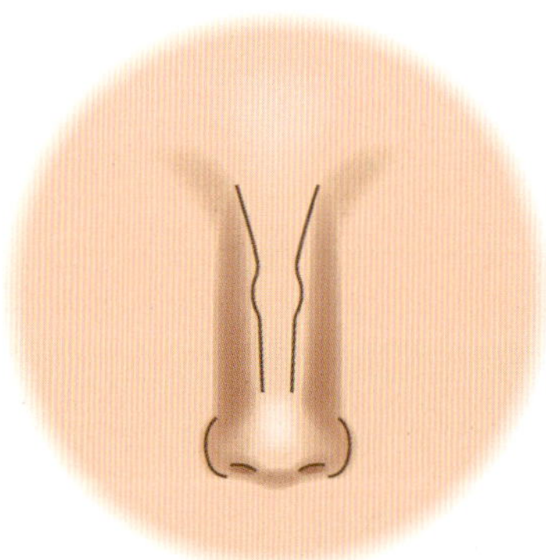

② 수정법

눈썹 밑의 코 시작 부분부터 코끝 옆 콧볼까지 일직선으로 셰이딩을 한다.

(6) 각진 코

① 특징

콧대의 한 부분이 돌출된 코로 일명 '매부리 코'라고 부른다. 각진 정도에 따라 남성적이거나 무뚝뚝함 또는 강직함 등이 느껴진다.

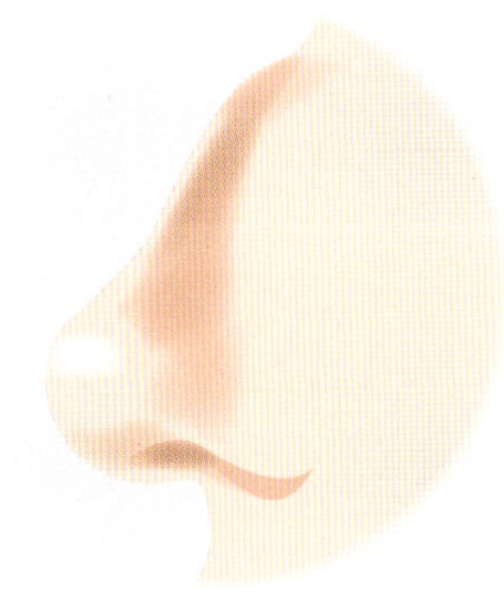

② 수정법

콧등의 튀어나온 부분에 셰이딩하고 다른 콧등 부분과 자연스럽게 이어지도록 그라데이션을 한다.

(7) 작고 낮은 코

① 특징

얼굴에 비해 코가 작고 콧등이 낮아 보이는 코로 귀여운 느낌을 주는 반면에 미성숙한 아이 같은 이미지로 신뢰감이 떨어져 보인다.

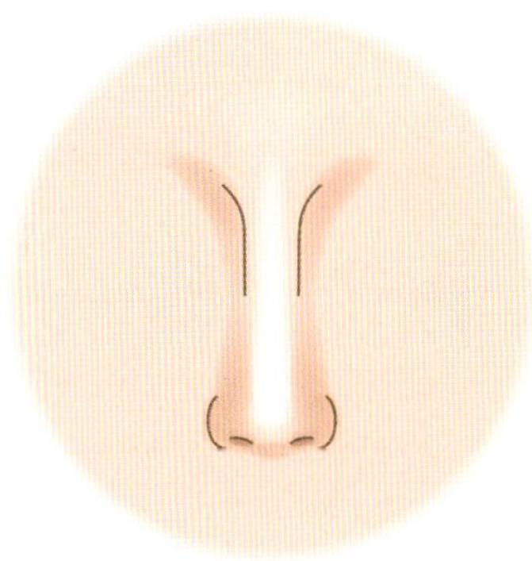

② 수정법

코벽에는 셰이딩을 하고 콧등엔 하이라이트를 길게 코끝까지 하여 밝고 환하게 처리한다. 눈썹을 상승형으로 그려 얼굴의 중앙부분인 눈썹과 코 사이가 길게 보이도록 한다.

3. 메이크업과 빛(조명)

메이크업의 기본요소는 색이다.

색은 물체에 비춰진 빛의 세기에 의해 결정되므로 메이크업 아티스트가 색을 제대로 표현하려면 빛의 성질과 특성을 제대로 이해하고 그 결과를 메이크업 시술에 반영해야 한다.

메이크업을 하기 전 얼굴에 존재하는 빛과 그늘을 주의 깊게 관찰하여 '빛의 효과와 명암 기법'을 적용하도록 한다. 적절한 부위에 명암을 주는 메이크업 '하이라이트와 셰이딩 기법'을 통해 얼굴의 표면을 입체화하고 볼륨을 부여하는 메이크업 디자인 성형을 완성할 수 있다.

1. 빛의 성질

빛은 물체의 윤곽을 잡아 주고 볼륨감을 주는 특성이 있어 빛이 비추는 방향에 따라 물체의 모습은 변한다.

(1) 정면 빛조명

볼륨감이 없어지는 평면화 효과로 인해 얼굴 윤곽이 희미해지며 얼굴이 커 보인다.

(2) 측면 빛조명

명암 차 때문에 얼굴의 형태감이 더 확실해진다.

(3) 후면 빛역광

윤곽은 뚜렷해지지만 얼굴 자체가 잘 보이지 않게 되며, 볼륨 효과가 완전히 사라져 평면적으로 보인다.

(4) 머리 위 빛조명

얼굴에는 그늘이 진해지나, 밝은 톤과 어두운 톤이 대조되어 깊이감과 돌출감이 생긴다.

2. 빛과 그늘

명암 기법은 원근법 및 입체감과 밀접한 관계가 있는, 공간의 깊이를 표현하는 회화기법이다.

흑백과 중간 톤의 무채색뿐만 아니라 색상의 농담을 이용하여 깊이감과 돌출감을 표현한다.

밀도의 강약과 변화에 따라 톤이 달라지는데, 톤이 급격하게 바뀌면 대비가 심해지고, 중간 톤을 사용하면 대비효과가 완화되며, 톤이 서서히 희미해지면 점진적인 변화가 느껴진다.

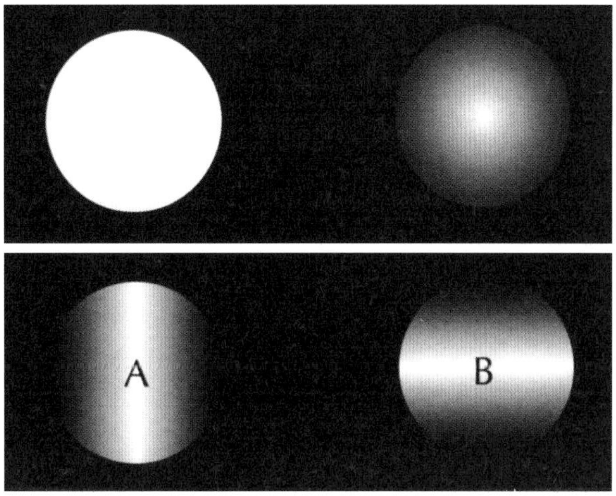

표 4-2 명암의 특징과 효과

명	암	명암 혼합
평평한 느낌을 준다	깊이감을 부여한다	형태를 만든다
거리감을 부여한다	둔화시킨다	대비를 이룬다
빛을 낸다	제거한다	윤곽을 잡는다
공간을 잡아준다		강조한다
들어올린다		수정한다

3. 빛의 효과를 이용한 메이크업 하이라이트와 셰이딩음영

(1) 하이라이트

① 돌출감이나 빛나는 느낌을 줄 필요가 있는 부위에 적용해 빛의 효과를 보이는 것을 하이라이트라고 한다.

② 그늘과 대비되고 빛이 비치는 부분의 볼륨감이 두드러진다.

③ 사용 색상은 흰색에서 상아색에 이르는 불투명한 색조에서 선택한다.

④ 차가운 느낌을 주는 파랑이나 회색 톤을 띠게 하는 색소가 들어 있어서는 안 된다.

⑤ 사용 제품은 셰이딩 용 제품처럼 파운데이션 제품과 콤팩트 제품으로 나뉘고 특성도 비슷하다.

(2) 셰이딩

① 수정하거나 교정할 목적으로 음영을 만드는 것이다.

② 펄이 들어가지 않은 회갈색에서 황갈색에 이르는 갈색 톤 중에서 농담의 정도에 따라 톤을 결정한다.

③ 사용 제품은 파운데이션 제품과 콤팩트 제품으로 나눠지는데, 파운데이션은 깊이감을 살리는 농담 표현에 효과적이지만 얼룩이 지지 않도록 사용방법을 잘 알아야 한다.

④ 콤팩트 제품의 특징은 사용하기 쉽다는 점에 있으나, 얼룩이 지지 않게 먼저 투명분을 바른 다음에 사용하는 것이 좋다.

⑤ 수정 효과를 얻기 위해서는 펄 기미가 없는 불투명한 제품을 사용한다.

4. 조명의 종류

(1) 자연광태양광과 메이크업

태양이 발산하는 빛으로 이루어진 조명을 말한다. 자연광 상태에서는 색과 형태가 선명하지만 시간과 기후에 따라 달라진다. 태양이 직접 비추는 곳에서는 메이크업 상태가 그대로 노출되기 때문에 데이 메이크업, 내추럴 메이크업 같은 정교하고 자연스러운 메이크업이 바람직하다.

Tip

데이 메이크업

오전 중에는 공기가 맑아서 햇빛이 직접 얼굴에 비치고 빛이 밝기 때문에 얼굴의 세세한 부분까지 눈에 띈다. 자연스러우면서 전체적으로 상쾌한 느낌이 들도록 메이크업한다.

오후가 되면 먼지나 매연 등에 부딪힌 햇빛이 굴절하여 부드러워진다. 따라서 전체적으로 부드러우면서도 건강한 느낌을 강조한다. 피부는 자신의 피부색과 의상에 맞추어 자연스럽고 투명한 느낌으로 표현한다.

(2) 인공조명과 메이크업

형광등, 백열등 같은 인공광원이 발산하는 빛을 가리킨다. 사진용 전구, 스트로보, 할로겐램프, 텅스텐 전구 등 종류에 따라 메이크업 색상이 달라지며 집중광스포트라이트, 확산광, 반사광 등 조명방식에 따라 분위기와 색감 또한 달라진다.

Tip

나이트 메이크업

저녁은 인공조명의 시간대이므로 조명에 따른 색상 선택이 중요하다. 피부는 밝고 화사하게 표현해 주어야 하며 펄을 사용해 신비스러운 분위기를 연출해도 좋다.

눈과 입술은 낮보다 선명하게 강조해 주며 콤팩트보다 분말 타입의 페이스 파우더를 사용하여 피부색을 밝고 뽀얗게 피어나는 느낌으로 표현한다.

입술은 레드나 자주색 계열이 잘 어울리며 입술 윤곽을 뚜렷하게 그려 준다. 조명 때문에 얼굴이 창백해 보일 수 있으므로 진한 핑크계열의 치크 메이크업으로 화사함을 더해 준다.

5. 조명과 메이크업 색 사진

어떠한 색감도 가지지 않은 맑은 날 정오의 태양광을 백광이라 한다. 백광은 색을 판독하는 기준이 되는데, 촬영용 플래시의 광도도 백광 기준에 맞춰진다.

조명 색과 강도에 따라 사람이 느끼는 색감도 달라지므로 메이크업 아티스트는 메이크업 디자인 설계 시에 반드시 조명을 고려하여야 한다.

(1) 형광등

피부 톤이 차가운 색감을 띠는 것처럼 보인다. 이런 차가운 색감의 조명 아래서 메이크업한 피부를 태양광 아래서 보면 더 붉고 따뜻한 색감으로 보인다.

(2) 백열등, 촛불, 할로겐 램프

피부 톤이 붉은색 계열의 따뜻한 색감을 띠는 것처럼 보인다. 이런 따뜻한 색감의 조명 아래서 메이크업한 피부를 태양빛 아래서 보면 반대로 더 푸르고 차가운 색감으로 보이게 된다.

(3) 빛의 강약

밝은 곳에서는 노란색 계열이 눈에 띄고 어두운 곳에서는 단파장의 빛이 눈에 잘 들어와 청록색 계열이 눈에 잘 띈다. 그래서 비가 오거나 날이 흐리거나, 시간상으로 새벽녘에는 사물이 푸르스름해 보인다. 어두운 곳에서 메이크업을 하면 푸른 색 계통의 색을 밝게 느껴서 색조 표현에 문제가 발생할 수 있다.

6. 메이크업 시술에 적당한 조명 환경

조명을 햇빛백광 수준으로 맞추고 광원이 얼굴을 비추는 각도를 45° 양측면광으로 하여 빛과 그늘의 균형을 잡아 준다. 강한 직사광선을 피하고 부드러운 반사광, 투과광 상태를 조성한다.

촬영용 메이크업의 경우에는 촬영장소의 조명 상태에서 메이크업을 한다.

Chapter 5

기본 메이크업

1. 기초 제품 사용하기
2. 베이스 메이크업
3. 아이브로 메이크업
4. 아이 메이크업
5. 치크 메이크업
6. 립 메이크업

Chapter 5

기본 메이크업

1. 기초 제품 사용하기

1. 피부 타입별 특징과 관리 방법

(1) 정상 피부중성피부, normal skin

① 특징

피지 및 땀의 분비가 적당하고 피부 표면이 매끄럽고 촉촉하며 탄력이 있는 피부로 색소, 여드름, 주름이 거의 나타나지 않는 피부이다.

② 관리 방법

클렌징	• 보습용 클렌징 밀크를 사용한다.
화장수	• 유연 화장수를 사용한다.
기초 화장	• 낮 : 클렌징 밀크 → 화장수 → 아이 크림 → 수분 크림 → 자외선 차단 크림 • 밤 : 클렌징 밀크 → 비누 세안 → 화장수 → 아이 크림 → 수분 세럼 → 보습 영양 크림
파운데이션	• 리퀴드 타입의 파운데이션을 사용한다.

(2) 건성 피부dry skin

① 특징

피부 표면이 건조하고 윤기가 없으며 모공이 작고 피부결이 섬세해 잔주름이 잘 생기고 피부노화가 바르게 진행되며 화장이 잘 받지 않고 들뜨기 쉬운 피부다.

② 관리 방법

클렌징	• 세안 시 알칼리성 비누는 피하고, 미온수를 사용한다. • 부드러우며 유·수분을 많이 함유한 클렌징 밀크로션, 클렌징 크림, 클렌징 오일을 사용한다.
화장수	• 6~10% 이하의 알코올이 함유된 화장수 또는 무알코올 화장수를 사용한다.
기초 화장	• 낮 : 클렌징 밀크 → 화장수 → 아이 크림 → 수분 세럼 → 수분영양 크림데이크림 → 자외선 차단 크림 • 밤 : 클렌징 밀크/오일/크림 → 세안 → 화장수 → 아이 크림 → 수분 세럼 → 보습 영양 크림W/O 에멀전 상의 나이트 크림 ※ 건성피부는 겨울동안에는 데이 크림과 나이트 크림을 서로 바꾸어서 사용한다.
파운데이션	• 크림 타입 파운데이션을 사용한다.

(3) 지성 피부oily skin

① 특징

피지의 과다분비로 피부표면이 번들거리고 각질층이 두꺼우며, 모공이 확장되어 있고 피지로 인해 메이크업이 잘 지워지며 시간이 지나면서 칙칙하고 탁해 보이는 피부다.

② 관리 방법

클렌징	• 클렌징 밀크 또는 클렌징 겔을 사용한다. • 피부의 산성막을 파괴하지 않으며 유분을 제거해 주는 합성비누로 세안한다.
화장수	• 알코올 함유량이 높고 소염, 진정, 모공을 수축시켜 주는 화장수를 사용한다.
기초 화장	• 낮 : 수렴 화장수 → 아이 크림 → 피지억제 세럼 → 수분 크림 → 자외선 차단 크림 • 밤 : 클렌징 밀크/겔 → 비누 세안 → 수렴 화장수 → 아이 크림 → 피지조절 세럼 → 피지조절용 보습 크림
파운데이션	• 오일 프리oil free 또는 매트matt한 타입의 파운데이션을 사용한다. • 피지조절과 항염 성분을 함유된 BB크림Blemish Balm을 사용한다.

(4) 민감성 피부sensitive skin

① 특징

피부조직이 섬세하고 얇아 외부의 자극에 민감하게 반응하며 표피 건조화가 쉽게 일어나 피부 당김 현상이 심하고 모세혈관이 피부 표면에 드러나는 피부다.

② 관리 방법

클렌징	• 약산성 비누를 사용한다. • 무향, 무색소, 무자극, 진정용-클렌징 밀크, 클렌징 크림, 클렌징 오일, 클렌징 겔을 사용한다.
화장수	• 무알코올의 진정용 화장수를 사용한다.
기초 화장	• 낮 : 클렌징 오일/밀크 → 무알코올 화장수 → 아이 크림 → 수딩 세럼 → 수딩 크림 → 자외선 차단 크림 • 밤 : 클렌징 오일/크림 → 약산성 비누세안 → 무알코올 화장수 → 아이 크림 → 수딩 세럼 → 수딩 영양 크림보호, 보습, 영양성분을 함유한 크림 ※ 봄, 여름에는 O/W 에멀전을 사용하고 가을, 겨울에는 W/O 에멀전을 사용한다.
파운데이션	• 피부보호와 보습, 영양 성분이 함유된 BB크림을 사용한다.

(5) 복합성 피부combination skin

① 특징

부위에 따라 서로 다른 피부유형이 한 얼굴에 복합적으로 나타나는 유형으로 T존 부위는 지성이고, U존은 건성 혹은 예민성이거나, 광대뼈 부위에 색소침착 현상이 나타나며 다른 부위는 맑고 투명하다든지 하는 복합적 유형이 나타나는 피부로 메이크업이 고르게 잘 되지 않는다.

② 관리 방법

클렌징	• 저자극성 클렌징 밀크를 사용한다.
화장수	• T존 : 수렴 화장수를 사용한다. • U존 : 유연 화장수를 사용한다.
기초 화장	• 낮 : 클렌징 밀크 → 유연 화장수 → 아이 크림 → 수분 세럼 → 수분 크림 → 자외 선 차단크림 • 밤 : 클렌징 밀크 → 유연 화장수 → 아이 크림 → 보습 세럼 → 보습 크림피부 보호 및 피지조절용
파운데이션	• 피부보호와 피지조절 성분을 함유한 BB크림을 사용한다.

(6) 여드름 피부Acne skin

① 특징

피지선의 염증성 질환 피부로 피지 덩어리인 면포가 모낭 속에 갇혀 있다가 세균에 감염되어 화농을 일으켜서 발생하며, 호르몬 불균형으로 인한 사춘기에 많이 나타난다.

② 관리 방법

클렌징	• 클렌징 밀크 또는 클렌징 겔 사용 후 클렌징 워터로 한 번 더 닦아 낸다. • 피지와 각질을 제거해 주는 여드름 전용 비누를 이용하여 35~40℃의 따뜻한 물로 세안한다.
화장수	• 수렴 화장수 또는 여드름 전용 화장수소량의 알코올을 함유한를 사용한다.
기초 화장	• 낮 : 수렴 화장수 → 아이 크림 → 피지억제, 피지조절 세럼 → 항염보습제 → 오일프리 자외선 차단 크림 • 밤 : 클렌징 밀크/겔 → 수렴 화장수 → 아이 크림 → 피지조절 세럼 → 항염성 오일 프리oil free의 피지 억제 및 여드름 완화용 크림
파운데이션	• 오일 프리의 피지 억제 및 여드름 완화용 BB크림을 사용한다.

2. 클렌징

(1) 클렌징 목적

피지나 땀, 각질 등의 불순물과 외부의 먼지, 환경오염, 메이크업 잔여물 등에 의해 모공이 막히며 이는 피부 트러블, 여드름 발생, 색소침착 및 신진대사를 방해하고 피부기능을 저하시켜 피부노화를 촉진시킨다.

클렌징은 피부표면의 더러움과 메이크업 잔여물 및 노폐물을 제거하여 피부를 청결하게 하는데에 그 목적이 있다.

(2) 클렌징 효과

① 표피의 죽은 각질층을 제거하여 피부표면을 부드럽게 한다.

② 혈액순환을 촉진하고 화장품의 유효성분의 흡수율을 높여준다.

③ 피지나 땀, 먼지, 메이크업 잔여물, 먼지 등의 더러움을 제거하여 피부를 청결하게 한다.

(3) 클렌징 순서

Tip

주의사항

• 제품의 유효기간을 확인하고 청결하게 제품을 보관하며, 작업 전 도구 및 기구, 손을 소독한다.
• 고객의 피부 상태를 세심하게 확인하고 분석한 뒤 피부 타입에 맞는 클렌징 제품을 선정한다.

① 포인트 메이크업 리무버를 적신 미용 솜으로 아이섀도 → 아이라이너 → 아이브로 → 마스카라리무버를 묻힌 화장 솜을 2/3를 접어 눈을 감은 상태에서 속눈썹 밑에 받치고, 면봉으로 속눈 썹을 아래 방향으로 지운다. → 언더 메이크업눈을 뜬 상태에서 위를 보게 하고, 리무버를 묻힌 화장 솜을 반 접어 눈꼬리 쪽에서 눈머리 안쪽 방향을 향해 언더 메이크업을 지운 뒤에 면봉으로 아래 속눈썹 주변을 닦아 낸다. → 립 메이크업 순으로 1차 포인트 메이크업을 지운다.

② 2차 얼굴 클렌징을 위해 제형을 선택한 뒤 턱, 뺨, 코, 이마 순으로 찍어 발라 놓고 턱 → 인중 → 뺨 → 코 → 이마 → 눈의 순으로 동작을 연결하며 부드럽게 마사지한 뒤 젖은 해면 또는 미용 티슈로 닦아 낸다.

※ 노폐물이 피부에 침투하지 못하도록 2~3분 이내에 신속히 닦아 준다.

③ 화장수를 젖은 화장 솜에 묻혀서 피부를 닦아 클렌징 후의 잔여물을 제거하고 피부결을 정돈한다.

(4) 클렌징 제품

1) 녹여내는 타입용제형

① 클렌징 워터Cleansing Water

- 화장수 타입으로 세정력이 낮아 가벼운 메이크업 제거 시 사용한다.
- 예민 피부, 지성, 여드름 피부에 효과적이며 알레르기 피부의 눈 화장, 입술화장 제거용으로 사용한다.

② 클렌징 겔Cleansing Gel

- 물로 제거할 수 있으며 이중세안이 필요 없다.
- 수성과 유성의 두 가지 타입이 있으며, 거품이 풍부하지 않고 사용감이 산뜻하다.
- 예민하거나 알레르기성 피부, 지성, 여드름 피부에 자극없이 사용한다.

③ 클렌징 로션Cleansing Lotion

- 친수성 에멀전O/W, oil in water 상태로 오일이 물에 분산된 형태이다.
- 크림 타입보다 세정력이 약하며, 가벼운 메이크업 제거 시 적합하다.
- 크림에 비해 수분을 많이 함유하고 있어 사용감이 산뜻하다.
- 피부 자극이 적고, 물에 잘 용해된다.

④ 클렌징 크림Cleansing Cream

- 친유성W/O, water in oil의 크림 상태 제품으로 광물성 오일을 40~50% 함유하고 있다.
- 유분함량이 많아 피부표면에 묻은 기름때를 닦아 내는 데 효과적이며 건성피부나 진한 메이크업 제거 시 사용한다.
- 피부에 크림의 잔여물이 남아 있을 경우 모공을 막아서 피부 문제를 일으킬 수 있으므로 사용 후 클렌징 폼이나 약산성 비누로 이중세안을 해야 한다.

⑤ 클렌징 오일cleansing oil

- 물과 친화력이 있는 수용성 오일 성분을 배합시킨 제품으로 물에 쉽게 용해되어 이중세안을 하지 않아도 된다.
- 피부 침투성이 좋아 땀이나 피지에 강한 화장도 잘 닦아 준다.
- 세안 후에 당기는 정도가 심한 건성, 예민, 노화피부에 적당하다.

클렌징 워터	클렌징 겔	클렌징 로션	클렌징 크림	클렌징 오일

〈닥터자르트〉 더마클리어 마이크로 워터	〈에스티로더〉 멀티액션 클렌징겔 & 리파이너	〈바비브라운〉 메이크업 멜터 & 클렌저	〈프리메라〉 스무스 클렌징 크림	〈바비브라운〉 수딩 클렌징 오일

2) 씻어내는 타입계면활성제형

① 클렌징 폼Cleansing Foam

- 약산성 상태로 피부에 자극이 없어 민감하고 약한 피부에 효과적이다.
- 비누의 우수한 세정력과 클렌징 크림의 피부보호 기능을 접목한 제품으로 물과 함께 거품을 내어서 사용한다.
- 세정력이 뛰어나며 보습제와 에몰리엔트제가 풍부하게 함유되어 있어 과도한 탈지를 막고, 피부가 당기거나 건조해지는 것을 방지한다.

② 비누Soap

- 비누는 천연유지소기름, 야자유 등와 지방산 알칼리염수산화나트륨, 수산화칼륨의 계면 활성 작용을 이용하여 만든다.
- 비누는 알칼리성으로pH 10~11 피부의 산성막과 피지막을 파괴하여 탈지, 탈수 현상을 일으키며 피부를 건성화한다. 피부는 약산성으로 pH 4.5~6.5임
- 클렌징 효과와 살균력이 뛰어나며 건성이나 민감성 피부는 자제해야 한다.

③ 페이셜 스크럽Facial Scrub

- 클렌징 폼에 '스크럽'이라고 불리는 작은 알갱이가 함유된 제품으로 세정효과가 뛰어나다.
- 모공 깊숙이 있는 노폐물과 각질제거에 효과적이며, 혈액순환촉진에 의한 마사지 효과가 있다.
- 천연계 스크럽은 살구씨, 아몬드씨, 복숭아씨 등을 분말로 만든 것을 사용하며, 합성계 스크럽은 폴리에틸렌과 나일론 분말 등으로 제조한다.

클렌징 폼	비누	페이셜 스크럽

〈닥터 자르트〉 더마클리어 마이크로 폼	〈록시땅〉 시어버터 솝 버베나	〈더 바디샵〉 스마트필링 허니 블랙슈가 스크럽

3. 피부 타입별 기초 제품의 이해

기초 화장품은 피부를 청결히 유지하고 신진 대사를 촉진시키며, 자외선과 같은 외부 환경으로부터 피부를 보호하고, 피부에서 감소되는 수분과 천연 보습 인자 및 지질 등의 물질을 보충해 줌으로써 피부의 항상성이 유지될 수 있도록 한다.

(1) 기초 제품의 종류

1) 화장수Skin Lotion, Toner

보통 '스킨 로션'이라 불리며 70~80% 정제수를 기본으로 보습제와 에탄올 등을 첨가한 액상 형태의 제품으로 피부 본래의 pH를 회복시키고 피부에 수분을 공급한다.

보습제와 유연제가 함유된 유연 화장수와 각질층에 수분을 보충하고 모공을 수축하여 청량감을 주는 수렴 화장수로 나뉜다.

① 유연화장수Softning Lotion

- 보습제, 유연제가 함유되어 있어 피부 각질층을 촉촉하고 부드럽게 유지시켜 다음 단계의 화장품이 잘 흡수되도록 해준다.
- 화장수의 pH를 피부의 pH에 가까운 5.5 ~ 6.5에 맞추어 세안 후 일시적으로 알칼리성이 된 피부를 약산성으로 되돌려 놓으며 세균의 침투를 막아 준다.
- 클렌징 제품으로 제거되지 않은 유분이나 비누, 세안 후에 화장품 잔여물들을 제거하고 불균형 상태의 피부 결을 정돈해 준다.

② 수렴화장수Astringent Lotion

- 흔히 '아스트린젠트astringent'라고 부르며 최근에는 '토닝 로션toning lotion'으로 불린다.
- 피부 각질층에 수분을 공급하고 모공을 수축시켜 피부 결을 정리해 준다.
- 약산성 화장수로 알코올 배합량이 많아 청량감을 주고 소독작용을 한다.
- 단백질을 수축시키며, 과잉 분비되는 피지나 땀을 억제하는 작용이 있어서 지성 피부나 중성, 복합성 피부, 모공확장 피부에 사용하며 여름철 화장수로 많이 사용된다.

> Tip
>
> **화장수의 기능**
>
> - 피부 각질층에 수분을 공급한다.
> - 세안 후 알칼리성 피부를 약산성 상태로 되돌려 pH 밸런스를 조절해 준다.
> - 세안 후 피부에 남아있는 노폐물 및 화장품 등의 잔여물을 닦아낸다.

2) 로션Lotion

① '로션' 또는 '에멀전emulsion'이라는 명칭으로 널리 쓰이며, 60~80%의 수분과 보습제, 계면활성제가 주성분이다.

② 세안 후 건조해진 피부에 화장수로 피부 결을 정돈한 뒤에 로션으로 수분과 유분을 공급하여 피부를 촉촉하고 부드럽게 만든다.

③ 크림에 비해 흡수가 빠르고 산뜻한 느낌을 준다.

④ 건성 피부에는 유분 함량이 높은 제품을, 지성 피부에는 유분 함량이 낮은 화장수에 가까운 제품을, 민감성 피부에는 향, 색소, 알코올, 방부제 등이 적게 함유된 저자극 성분의 제품을 사용한다.

3) 크림Cream

① 피부의 천연보호막을 일시적으로 보충해서 촉촉함을 준다.

② 외부의 자극으로부터 피부를 보호하고 생리기능을 촉진시키며 유효 성분들로부터 피부의 문제점 개선을 돕는다.

③ 보습용 크림으로 낮에는 데이 크림day cream, 밤에는 나이트 크림night cream, 지성 피부에는 수분 크림, 건성 피부에는 에몰리언트 크림emollient cream을 각각 사용한다.

4) 에센스Essence

① 영양과 수분을 공급하는 미용 성분이 고농축된 화장품으로 특정 기능 성분의 영양공급 효과가 뛰어나다.

② 미용액 또는 컨센트레이트concentrate라고 불리며 유럽에서는 세럼serum으로 불린다.

5) 자외선 차단 크림Sunblock Cream

① UV-A와 UV-B로부터 광노화, 일광화상, 색소침착, 피부암 등의 피해를 막기 위해 사용하는 기능성 화장품이다.

② 자외선 차단의 효율성을 높이기 위해서는 미국 식품의약국 FDA의 1회 사용 권장량 0.75~0.9g500원 짜리 동전 크기을 바르는 것이 중요하며, 미국환경시민단체 EWG의 조사에 의하면 실제로 사람들은 권장량의 25~50%만 바른다고 한다.

③ 자외선은 여러 파장을 가진 광선들이 섞여 있으며, 이 중 자외선을 UVultra violet ray라고 하며 파장에 따라 UV-A320nm~400nm, UV-B290nm~320nm, UV-C200nm~290nm로 나뉜다.

④ UV-A는 파장이 가장 길고 자외선 세기는 상대적으로 약하며 실내 유리창을 통과할 수 있어 "생활 자외선"으로 불리며 진피층 하부까지 침투해 콜라겐을 손상시켜 주름을 발생시키고 광노화나 선탠sun tan을 일으킨다.

⑤ UV-B는 UV-A에 비해 지표 도달량이 적고 자외선 세기는 UV-A보다 강하며, 비타민 D의 합성을 촉 진하고 표피 기저층 또는 진피상층부까지 침투하며 간접적 선탠과 일광화상sun burn을 일으킨다.

⑥ UV-C는 오존층에 막혀 지표에 거의 도달하지 못하여 피부에 큰 영향은 없으나 최근 오존층 파괴로 지상에 도달하여 피부암을 유발하기도 한다.

※ 자외선 차단지수 SPF Sun Protection Factor

• SPF는 제품이 UV−B를 차단하는 정도를 나타내는 지수로 "제품을 바른 피부와 제품을 바르지 않은 피 부의 최소 홍반량Minimum Erythemal Dose, MED의 비"를 말한다.

※ 최소 홍반량은 UV-B를 사람 피부에 조사한 후 16~24시간에서 조사 영역의 대부분에 홍반을 나타낼 수 있는 최소한의 자외선량을 말한다.

$$\text{SPF} = \frac{\text{제품을 바른 피부의 최소 홍반량MED}}{\text{제품을 바르지 않은 피부의 최소 홍반량MED}}$$

SPF 지수	UVB 차단효과
SPF 1	0%
SPF 4	75%
SPF 15	93%
SPF 30	96%
SPF 50	98%

※ UVA 차단등급PA, Protection Grade of UVA

① UVA 차단등급PA은 제품이 UVA를 차단하는 정도를 나타내는 지수로, UVA 차단지수에 의해 등급이 정해진다.

② 자외선 차단지수는 "제품을 바른 피부와 바르지 않은 피부의 최소 지속형 즉시 흑화량Minimal Persistent Pigment Darkening Dose, MPPD의 비"를 말한다.

③ 최소 지속형 즉시 흑화량은 UV−A를 사람 피부에 조사한 후 2~4시간에 조사 영역의 전 영역에 희미한 흑화가 인식되는 최소 자외선 조사량을 말한다.

$$\text{PFA} = \frac{\text{제품을 바른 피부의 최소 지속형 즉시 흑화량MPPD}}{\text{제품을 바르지 않은 피부의 최소 지속형 즉시 흑화량MPPD}}$$

UVA 차단등급(PA)	UVA 차단효과(%)	UVA 차단지수(PFA)
PA+	있음(50%)	2 이상 4 미만
PA++	많이 있음(70%)	4 이상 8 미만
PA+++	매우 많이 있음(90~99%)	8 이상

※ PA는 일본화장품공업연합회 자외선 차단지수 측정방법 기준

6) 팩pack

① 팩은 도포 후 일정시간 방치하여 팩제의 유효성분이 피부에 흡수되도록 한 후에 떼어 내거나 씻어내는 제품으로 건조 중에 발생하는 긴장감으로 탄력과 보습 및 혈액순환을 돕는다.

② 팩은 피부 표면의 먼지나 죽은 각질세포를 흡착·제거하여 피부를 청결히 하고, 수분과 영양성분을 공급한다.

유연화장수	수렴화장수	로션	에센스	자외선 차단크림	팩

〈오휘〉 미라클 모이스처 스킨소프너	〈이니스프리〉 화산송이 모공토너	〈헤라〉 아쿠아볼릭 에센셜 에멀전	〈차앤박〉 프로폴리스 에너지 앰플	〈오휘〉 데이쉴드 퍼펙트 선 래디언스	〈랑콤〉 르네르지 마스크

(2) 기초 제품 바르기

> *Tip* 주의사항
> - 제품의 유효기간을 확인하고 청결하게 제품을 보관하며, 작업 전 도구 및 기구, 손을 소독한다.
> - 고객용 의자 및 목 받이 높이를 조절하고, 피부 타입별 기초제품을 준비한다.

① 화장 솜에 묻힌 화장수스킨 로션를 가운데 손가락에 끼우고, 피부 결에 맞춰서 양볼, 이마, 턱, 코 부분을 피부결을 따라 닦아 내듯 바른다.

② 로션에멀전을 양 볼, 이마, 턱, 코 등 얼굴의 외곽 부분으로 펼쳐 주듯 바른 후 손가락 끝으로 가볍게 두드려 발라 흡수를 돕고 20초 정도 손바닥으로 얼굴을 감싸고 가볍게 눌러 흡수를 돕는다.

③ 크림수분 크림, 영양 크림을 양 볼 → 턱 → 코 → 이마 → 눈 → 목의 순서로 얼굴의 외곽 부분으로 쓸어 주듯 바른 후에 흡수를 위해 1~2분 정도 둔다.

2. 베이스 메이크업

1. 피부색에 맞는 제품 선택

(1) 흰 피부

특 징	• 여성스럽고 깨끗하게 보일 수 있으나 자칫 창백하고 아픈 듯 보일 수 있으므로 화사한 피부 톤의 제품을 선택하여 사용한다.
메이크업 베이스	• 투명 컬러를 사용하여 본래의 깨끗한 피부상태를 강조하거나 핑크 색상을 사용하여 화사한 톤으로 생기를 부여한다.
파운데이션	• 흰 피부는 자신의 피부색보다 약간 진홍색이 도는 핑크 베이지색을 발라서 혈색이 좋게 보이도록 하며 결점이 많을 경우 연한 다갈색 계열을 바른다. • 희고 붉은 피부는 피부보다 약간 옅은 핑크색을 발라 혈색을 유지하고 연한 갈색의 라이트 베이지를 바르면 얼굴의 붉은기를 없애고 자연스럽게 표현할 수 있다.
파우더	• 투명 파우더로 깨끗한 피부 톤을 강조하거나 핑크 색상 파우더를 사용하여 창백한 피부에 화사함을 더해 준다.

(2) 노르스름한 피부

특 징	• 우리나라 사람들에게서 흔히 볼 수 있는 피부색으로 칙칙하고 생기가 없으며 자칫 나이 들어 보일 수 있으므로 화사한 피부 톤의 제품을 선택하여 생기를 부여한다.
메이크업 베이스	• 연보라색 또는 핑크 색상을 사용하여 칙칙한 피부 톤에 생기를 부여한다.
파운데이션	• 자신의 피부색보다 약간 짙은 갈색을 발라 차분함을 주거나, 핑크 색상이 함 유된 제품을 선택하여 혈색을 부여하고 피부에 화사함을 더해 준다.
파우더	• 핑크색 또는 연보라색 계열의 파우더를 사용하여 칙칙해 보이는 피부에 화사함을 더해 준다.

(3) 어두운 황갈색 피부

특 징	• 건강하고 섹시해 보이는 피부 톤이나 자칫 칙칙해 보일 수 있으므로 피부 톤을 전체적으로 밝아 보일 수 있는 제품을 선택한다.
메이크업 베이스	• 옐로 색상을 사용하여 어두운 피부를 중화시켜 자연스러운 혈색을 준다.
파운데이션	• 베이지 또는 오클 베이지 계열의 색상을 사용하여 피부 톤이 들떠 보이지 않도록 주의한다.
파우더	• 옐로 또는 베이지 계열의 색상 파우더를 사용하여 까무잡잡한 피부색을 중화시켜 준다.

(4) 붉은 피부

특 징	• 얇은 피부, 모세혈관 확장 피부, 여드름 피부 등이 해당되며 보색을 사용하여 붉은 기를 완화시켜 준다.
메이크업 베이스	• 그린, 블루 계열의 색상을 사용하여 얼굴의 붉은 기를 중화시켜 준다.
파운데이션	• 피부색에 맞는 톤 다운된 베이지 계열의 색상의 제품을 사용한다.
파우더	• 옐로 또는 베이지 계열의 파우더를 사용한다.

(5) 여드름, 흉터 등 문제성 피부

특 징	• 여드름과 흉터는 대부분 붉은 색을 동반하므로 보색을 사용하여 붉은 기를 완화시켜 준다.
메이크업 베이스	• 그린 계열의 색상을 사용하여 얼굴의 붉은 기를 중화시켜 준다.
파운데이션	• 피부 톤보다 반 톤 정도 어두운 색상으로 여드름, 흉터 자국을 부분적으로 커버한 후 피부색에 적합한 색상으로 전체적으로 한 번 더 도포해 준다.
파우더	• 그린 또는 베이지 계열의 파우더로 붉은 기를 중화시켜 준다.

(6) 기미, 잡티, 주근깨를 함유한 피부

특 징	• 1차 컨실러로 커버한 후, 피부 톤에 맞추어 전체적으로 두께감 있게 표현한다.
메이크업 베이스	• 그린 계열의 색상을 사용한다.
파운데이션	• 피부색에 맞는 베이지 계열의 고형 타입 제품으로 커버력 있게 도포한다.
파우더	• 베이지 계열의 파우더로 2~3회 소량 나누어서 도포하여 커버력을 높인다.

2. 피부질감 표현에 따른 유형별 특징

(1) 매트한 질감Matt Texture

① 특징

- 매트한 질감은 메이크업 표현 시 광택이 없고 건조한 질감으로 그라데이션이 용이하고 지속력이 높다.
- 피부가 빛을 흡수하는 것처럼 보이며 피부표면이 부드럽고 보송보송하며 깨끗해 보인다.

② 메이크업 표현 방법

- 메이크업 베이스는 펄과 유분기가 없는 컬러 베이스를 사용한다.
- 리퀴드 타입의 파운데이션과 파우더를 사용하여 유분감을 잡아 준다.
- 펄이 없는 제품을 사용하여 무광택 질감을 표현해 준다.

매트Matt한 질감

(2) 크리미한 질감Creamy Texture

① 특징

- 크리미한 질감은 피부로부터 자연스럽게 올라오는 유분과 같은 질감으로 광택과 윤기가 있으며 '도자기 피부' 또는 '결광 베이스 메이크업'이라고 한다.
- 유분감으로 약간의 끈적거림이 있으며 매끈한 피부결을 살린 질감표현으로 자연스러움이 특징이다.

② 메이크업 표현 방법

- 메이크업 베이스는 유분기를 함유한 컬러 베이스를 사용한다.
- 리퀴드 또는 크림 타입의 파운데이션을 사용한 후에 압축 파우더를 이용하여 페이스 라인을 중심으로 극소량만 가볍게 도포하며 얼굴 중앙부위의 윤기는 살려 준다.

크리미Creamy한 질감

(3) 실키한 질감Silky Texture

① 특징

- 피부에서 빛이 나게 하는 질감 표현법으로 모공과 잔주름까지 피부표면을 깨끗하고 균일하게 메꾸어 표현하는 것이 특징으로 '결광 메이크업'이라고 한다.
- 가볍고 얇게 피부 질감을 표현하나, 물광이나 윤광의 질감표현에 비해 커버력이 높고 실크처럼 피부에서 펄감의 광채가 난다.

② 메이크업 표현 방법

- 파운데이션 도포 후에 파우더로 유분기를 잡아주고 독립적으로 나타나지 않는 진주 펄 입자가 함유된 하이라이터나 콤팩트형 제품, 펄 파우더로 마무리 한다.
- 파운데이션 단계에서 진주 펄 입자가 함유된 제품을 혼합하여 피부 표현을 할 수 있으며 진주 펄 입자의 빛 반사로 인해 피부에서 핑크빛 광채가 난다.
- 크리미한 질감처럼 가벼운 질감표현이기는 하나 차이점은 펄 입자로 인한 빛을 유지하며 지성피부에 적합하다.

실키Silky한 질감

(4) 글로시한 질감Glossy Texture

① 특징

- 글로시한 질감은 피부가 물을 머금은 것처럼 촉촉하고 투명하며, 윤기와 광택이 많아 보이는 피부표현으로 '물광 메이크업'이라고 한다.

② 메이크업 표현 방법

- 기초 화장 단계에서 수분을 함유한 제품을 충분히 사용한다.
- 크림 타입의 파운데이션에 페이스 오일을 충분히 섞어 도포하거나 파운데이션 전·후 단계에서 페이스 오일을 도포하고, 파우더를 생략하여 촉촉하고 윤기와 광택이 나는 피부를 표현한다.
- 광택과 윤기가 있다는 점에서 크리미한 질감과 공통점이 있으나 글로시한 질감은 기름진 느낌의 윤기가 아니라 물이 주는 투명한 광택감을 말한다.

글로시Glossy한 질감

(5) 시머한 질감Shimmer Texture

① 특징

- 글로시와 실키의 중간단계로 미세한 펄감의 윤기와 광택 있는 질감이 특징으로 '펄광 메이크업'이라고 한다.
- 얼굴에 윤기와 광택을 준다는 점에서 크리미한 피부 질감표현과 유사하다.

② 메이크업 표현 방법

- 미세한 펄 제품을 이용하여 얼굴 전체 또는 T존, 눈썹뼈, 광대뼈 등을 강조하여 크리미한 질감보다 화려하고 섹시한 느낌이며, 하이라이트 부분을 펄 제품으로 강조함으로써 얼굴을 입체적으로 작아 보이게 한다.
- 펄이 가미된 메이크업 베이스, 파운데이션, 색조화장품 등을 사용하면 피부 표현이 훨씬 화려하고, 섹시함과 여성스러움을 강조할 수 있다.

시머Shimmer한 질감

(6) 글리터리한 질감Glittery Texture

① 특징

- 굵고 거친 펄, 스팽글, 비즈 등을 사용하여 화려하고 반짝이는 광택을 주는 것이 특징이다.

② 메이크업 표현 방법

- 미네랄 워터 스프레이mineral water spray, 글리터 겔glitter gel 등을 원하는 부위에 분무하거나 바른 후, 콘셉트에 따라 얼굴에 뿌리거나 붙임으로써 반짝이는 광택과 효과를 준다.
- 반짝이는 소재, 컬러, 크기, 입자의 형태에 따라 각기 다른 다양하고 화려한 이미지를 추구할 수 있다.

글리터리glittery한 질감

3. 베이스 메이크업Base Make up 제품의 종류 및 기능

베이스 메이크업이란 피부색을 보완하고 안색을 정리해 주는 언더메이크업 베이스 크림, 피부의 결점을 커버하는 컨실러, 피부색을 조절해 주는 파운데이션, 파운데이션의 유분기를 제거하여 메이크업 지속성을 높여주는 파우더의 4단계로 이루어진 피부 메이크업 진행과정을 말한다.

(1) 메이크업 베이스Make up base

1) 기능

- 파운데이션과 색조 화장품으로부터 피부를 보호해 준다.

- 파운데이션의 퍼짐성과 밀착력을 좋게 하고 메이크업의 지속력을 높여 준다.
- 피부색을 보정하여 자신의 피부색보다 생기 있고 깨끗한 피부를 연출해 준다.
- 건조한 공기나 자외선으로부터 피부를 보호한다.
- 피부의 번들거림을 방지하고 피부에 수분막을 형성하여 수분 증발을 막아 준다.
- 피부의 질감을 보정하여 매끈한 피부결을 형성한다.

2) 종류

① 겔 타입Gel Type

청량감을 느끼게 하는 타입으로, 땀이나 피지분비가 많은 여름철에 적합하다.

② 리퀴드 타입Liquid Type

끈적거림을 막아 주는 타입으로, 가벼운 화장을 하거나 지성 피부에 적합하다.

③ 크림 타입Cream Type

두꺼운 화장을 하거나 건성 피부에 적합하다.

④ 프라이머 타입Primer Type

- 실리콘 오일이나 유도체를 함유하고 있다.
- 피부의 모공, 잔주름 등 미세한 굴곡을 메워서 매끈한 피부 결을 형성하고, 다음 단계 화장의 피부 밀착력을 높여 준다.
- 피부의 당김 현상과 번들거림을 막아 주고 피부의 질감을 보정해 주며 얼굴빛을 효과적으로 반사하게 한다.

종 류	기 능
겔 타입	• 수분감이 많아서 건성피부에 적합하다.
로션 타입	• 자외선 차단 기능이 있으며 모든 피부에 적합하다.
실리콘 타입	• 모공을 막는 기능이 뛰어나 땀이나 피부 분비가 많은 지성피부에 적합하다.
아이 프라이머	• 눈가 전용 프라이머로 눈 주위 잔주름과 화장이 번지는 것을 막아준다.

⑤ 비비 크림 타입BB Cream Type

블레미시 밤Blemish Balm으로 불리며 피부과 치료 후 피부 재생 및 보호 목적으로 사용하는 제품으로 잡티를 가려주고 피부 톤을 정리해 준다.

⑥ 씨씨 크림 타입CC Cream Type

프라이머, 메이크업 베이스, 컨실러, 파운데이션의 복합적 기능성 화장품으로 비비 크림이나 파운데이션보다 커버력이 약하다.

겔타입
〈겔랑〉
레디언스 베이스

리퀴드 타입
〈에뛰드하우스〉
페이스 리퀴드블러 벚꽃 에디션

크림 타입
〈맥〉
스트롭 크림

프라이머 타입
〈바비브라운〉
핑크 톤업 프라이머 레디언스

비비크림 타입
〈닥터자르트〉
더메이크업 리쥬비네이팅 뷰티밤

씨씨 크림 타입
〈샤넬〉
CC크림 수퍼 액티브

3) 피부색에 따른 색상 선택

색 상	적합한 피부
그린색	• 기미, 잡티, 주근깨, 모세혈관이 확장된 붉은 피부나 여드름 자국 등 전체적으로 잡티가 많거나 울긋불긋한 피부에 적합하다.
연핑크색	• 창백한 피부에 혈색을 부여한다.
흰 색	• 피부를 투명하고 밝게 표현하고자 할 때 적합하다.
옐로	• 다소 검은 피부에 적합하며 어두운 피부를 중화시켜 밝게 표현한다.
블루색	• 얼굴의 붉은 기를 중화시켜 피부를 더욱 희게 표현할 때 적합하다.
보라색	• 노란 피부를 중화시켜 화사하게 한다.
오렌지색	• 건강한 느낌을 주는 선탠 피부 표현에 적합하다.

(2) 컨실러Concealer

1) 기능

- 눈 밑 다크서클, 붉은 반점, 기미, 주근깨, 스마일 라인, 피부의 패인 부분, 모세혈관 확장 피부 등 피부의 결점을 부분적으로 커버하고자 할 때 사용한다.
- 피부 톤과 거의 비슷하거나 한 톤 정도 밝은 색을 사용한다.

2) 종류

종 류	적합한 피부
리퀴드 타입	• 가벼운 질감으로 수분함량이 많고 파운데이션과 잘 섞여서 바르기 쉽다. • 눈 밑 다크서클, 주름 부위, 얇은 피부, 약한 잡티 커버에 적합하다.
크림 타입	• 유분 함량이 많고 커버력이 있으며 쉽게 펴 바를 수 있다. • 노화된 피부, 눈 밑 다크서클, 건성피부 등에 적합하다.
스틱 타입	• 기미, 주근깨, 눈 밑 다크서클 등 면적이 넓은 부위나 붉은 반점이나 뾰루지 등을 커버하는데 사용하며, 커버력이 가장 우수하다.
펜슬 타입	• 점처럼 결점 부위가 작고 결점의 강도가 강하여 그 부분만을 커버하고자 할 때 사용한다.
스펀지 타입	• 스펀지 팁이 달린 막대에서 액체 컨실러가 묻어나오는 타입으로 넓은 부위보다는 잘 닿지 않는 코 양쪽 구석진 곳 등에 바르면 효과적이다.

리퀴드 타입 〈맥〉 프로 롱웨어 컨실러

크림 타입 〈베네피트〉 보-잉 크림 컨실러

스틱 타입 〈샤넬〉 르블랑 브라이트닝 스틱 컨실러

펜슬 타입 〈맥〉 스튜디오 크로마그래픽 펜슬

스펀지 타입 〈나스〉 레디언트 크리미 컨실러

3) 적용 방법

- 브러시, 손가락, 스펀지 등을 사용하며 넓은 부위부터 작은 부위로 적용한다.
- 눈 밑의 다크서클에 많은 양을 사용하면 주름이 부각되므로 소량만 사용하고, 넓은 부위는 리퀴드나 크림 타입을 사용한다.

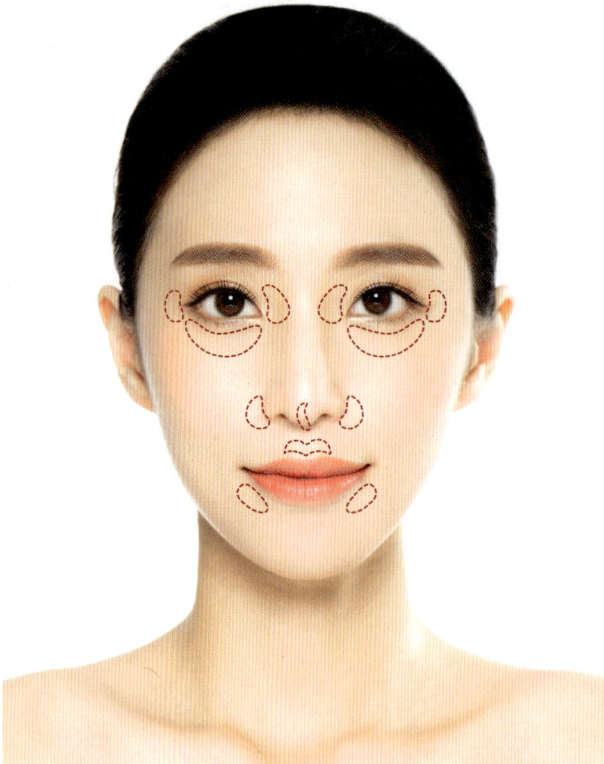

컨실러 기본 적용 부위

Tip

- 눈 밑 다크서클을 얇고 부드럽게 커버할 경우 리퀴드나 크림 타입이 적합하다.
- 점, 기미, 주근깨 등의 잡티에는 커버력이 있는 펜슬 타입이나 스틱 타입이 적합하다.

(3) 파운데이션Foundation

1) 기능

- 피부색을 조절한다.
- 결점을 커버하여 색조화장을 돋보이게 한다.
- 얼굴의 윤곽을 수정하여 입체감을 연출한다.
- 자외선, 공해, 바람 등 외부환경으로부터 피부를 보호한다.

2) 종류

종 류	기 능
무스 파운데이션	• 거품 타입으로 흡수력이 좋고 사용감이 가벼우며 지성 피부에 적합하다. • 커버력이 약하여 깨끗한 피부에 적합하다.
리퀴드 파운데이션	• 수분함량이 많아 봄·여름철이나 지성피부에 적합하다. • 결점이 별로 없는 피부, 자연스러운 피부 표현에 적합하다.
크림 파운데이션	• 적당한 유분과 커버력이 있어 높은 연령대 피부나 건성피부에 적합하다. • 가을·겨울철 메이크업에 적당하다.
쿠션 파운데이션	• 묽은 파운데이션이 들어 있는 스펀지를 퍼프로 찍어 피부에 두드려 바르는 제품으로 계절에 상관없이 대중적으로 간편히 사용할 수 있다.
스킨 커버	• 크림 타입보다 커버력 우수하여 무대화장, 신부화장 등 전문 화장에 적합하다. • 결점이 많은 피부나 건성피부에 적합하다.
스틱 파운데이션	• 단단한 고형타입 제품으로 커버력과 지속력이 뛰어나서 TV, 영화, 광고, 무대화장 등 전문 화장에 적합하다.
파우더 파운데이션	• 파우더를 압축시킨 매트한 타입의 파운데이션으로 간편하면서 스피드한 메이크업에 적합하다. • 지속력이 뛰어나며 보송보송하게 표현해 주므로 지성피부에 적합하다.
투웨이 케이크	• 파운데이션과 파우더의 복합적 기능을 갖고 있다. • 자외선 차단 및 커버력이 우수하고 간편한 화장 시 적합하다. • 지성피부와 여름철 메이크업에 적합하다.
팬 케이크	• 방수성, 내수성, 지속력, 밀착감이 매우 뛰어나며 물과 함께 사용한다. • 지성피부와 여름철 메이크업에 적합하다.

무스 파운데이션
〈디올〉
스킨포에버 퍼펙트 무스

리퀴드 파운데이션
〈입생로랑〉
올아워

크림 파운데이션
〈샤넬〉
수블리마지 르 뗑

쿠션 파운데이션
〈입생로랑〉
올아워 쿠션

스킨 커버
〈입큰〉
톤업 스킨커버

스틱 파운데이션
〈바비브라운〉
스킨 파운데이션 스틱

파우더 파운데이션
〈베네피트〉
헬로 해피 벨벳 파우더
파운데이션

투웨이 케이크
〈입큰〉
럭셔리 오드퍼퓸
투웨이 케이크

팬 케이크
〈크리오란〉
케이크 메이크업

3) 파운데이션 기본 컬러

색 상	기 능
베이스 컬러 base color	• 얼굴 전체에 펴 바르는 컬러로 모델의 피부색과 유사하거나 한 단계 밝은 색을 선택한다. 귀 뒤 또는 목덜미에 컬러를 테스트 함
셰이딩 컬러 shading color	• 베이스 컬러보다 1~2단계 어두운 컬러다. • 넓은 이마, 각진 턱, 코 양 측면 등에 사용하며 수축, 후퇴, 축소 효과가 있다.
하이라이트 컬러 highlight color	• 베이스 컬러보다 1~2단계 밝은 컬러다. • T존, 눈 밑, 턱, 야윈 뺨, 패인 부분 등에 사용하며 팽창, 전진, 확대 효과가 있다.

4) 얼굴 부위별 파운데이션 테크닉

구 분	기 능
T존	• 이마에서 콧대를 연결하는 부분이다. • 하이라이트 컬러를 넣어 준다. • T존은 피지 분비가 활발하여 면포 및 여드름이 발생하기 쉽고 메이크업이 잘 지워지는 곳이다.

구 분	기 능
S존	• 볼 부분이다. • 피부에 볼륨감이 있고 거친 부분도 많으며 움직임이 적어 화장이 쉽게 지워지지 않는다. • 베이스 컬러를 넣어 준다.
O존	• 눈 주변과 입 주변이다. • 하이라이트 컬러를 넣어 준다. • 피하지방이 적은 부분으로 피부가 얇아 주름생성이 쉽게 일어나므로 얇게 도포해 주어야 한다.
Y존	• 눈 밑과 광대뼈 위의 Y 모양 부분이다. • 베이스 파운데이션 컬러와 하이라이트 컬러를 함께 사용한다. • 기미나 주근깨가 가장 많이 분포되어 있어서 커버력이 요구된다.
U(V)존	• 입 꼬리 주변에서 턱으로 연결되는 부분이다. • 셰이딩 컬러를 넣어 준다.
헤어라인 존 hair line zone / 페이스라인 존 face line zone	• 이마와 머리카락이 난 경계 부분, 귀 앞머리 부분, 턱선 부분으로 경계가 지지 않도록 세심하게 그라데이션해 준다. • 베이스 파운데이션 칼라와 셰이딩 컬러를 넣어 준다.

T존	S존	O존	Y존
이마에서 콧대를 연결하는 부분	볼 부분	눈 주변과 입 주변	눈 밑과 광대뼈 위의 Y 모양 부분
베이스 & 하이라이트 컬러	베이스 컬러	베이스 & 하이라이트 컬러	베이스 & 하이라이트 컬러
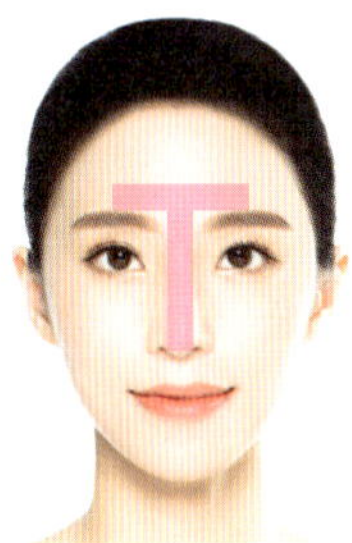		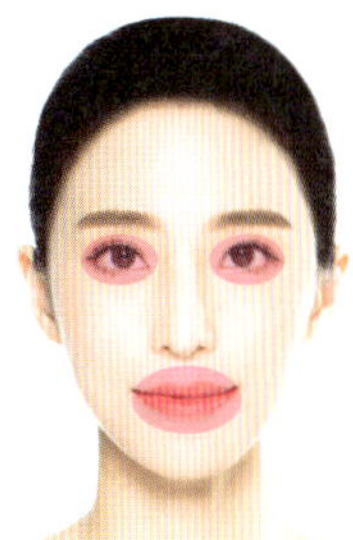	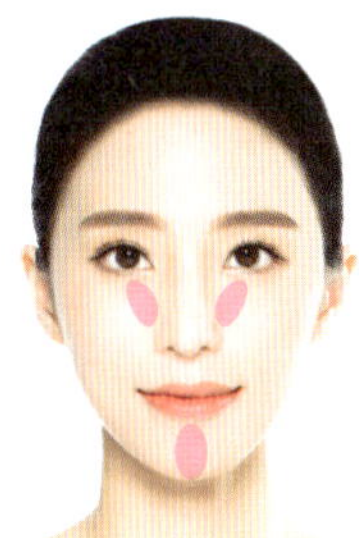

U(V) 존	헤어라인 존	페이스라인 존
입 꼬리 주변에서 턱으로 연결되는 부분	이마와 머리카락이 난 경계 부분, 귀 앞머리 부분, 턱선 부분	
베이스 & 셰이딩 컬러	베이스 & 셰이딩 컬러	

5) 파운데이션 바르는 테크닉

① 적당한 양의 파운데이션을 양 볼, 이마, 턱, 코에 적당량 찍어 놓는다.

② 양 볼 부분을 시작으로 안쪽에서 바깥쪽을 향해 쓸어주듯 슬라이딩 기법으로 가볍게 펴 바른다.

※ 양 볼 → 턱과 입술 주변 → 코 → 이마 → 눈 주변 → 페이스 라인

③ 턱 주변, 입술과 입술 주변에 펴 바른다.

- 턱 부분은 스펀지를 아래에서 위로 펴 바른다.
- 입술 주변은 가볍게 스치면서 바른다.
- 인중 부분은 위에서 아래, 양볼 방향으로 펴 바른다.

④ 코와 콧 망울 양쪽 C 커브를 세심히 바른다.

⑤ 이마와 헤어라인에 경계가 생기지 않게 자연스럽게 펴 바른다.

⑥ 눈 주변에 가볍고 얇게 펴 바른다.

- 집게손가락 끝에 파운데이션을 묻혀서 가볍게 바른다.
- 윗 눈꺼풀은 안쪽에서 바깥쪽으로, 눈 아랫부분은 바갈쪽에서 안쪽으로 바른다.

⑦ 밀착감을 높이기 위해 패팅patting 기법으로 가볍게 두드리며 바른다.

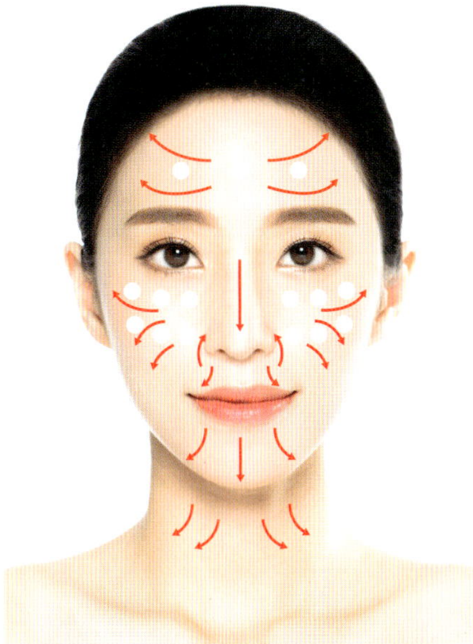

Tip 파운데이션 바르는 기법

1. 슬라이딩Sliding 기법
   - 처음 얼굴 전체에 파운데이션을 넓게 펴 바를 때 쓰는 기법으로, 스펀지에 소량의 파운데이션을 묻힌 다음에 얼굴 안쪽에서 바깥쪽으로 피부결을 따라 가볍게 밀어주듯이 펴 바른다.
2. 패팅Patting 기법
   - 파운데이션을 밀착시키기 위해 사용하는 기법으로 중지와 약지 손가락을 이용하여 가볍게 소리가 날 정도로 두드리며, 두껍게 많은 양을 바를 수 있다
   - 피부에 골고루 펴 발라 주기 때문에 매끈한 피부연출이 가능하다.
   - 슬라이딩 기법 후 패팅 기법을 이용하면 파운데이션의 밀착력을 높일 수 있으며, 두 가지 기법을 반복해서 활용하면 자연스러운 피부 표현이 가능하다.

(4) 페이스 파우더Face power

1) 기능

- 포인트 메이크업을 돋보이게 한다.
- 파운데이션의 유분기를 제거하여 메이크업의 지속성을 높여준다.
- 대기오염이나 자외선 등 외부의 유해 환경으로부터 피부를 보호한다.

2) 종류

종 류	브랜드명/제품명	기 능
루즈 파우더 loose powder	 〈샤넬〉 내추럴 피니시 루스 파우더	• 파운데이션의 유분기를 제거하고 지속성과 투명감을 높여주며 자연스러운 피부 표현에 적합하다.
콤팩트 파우더 compact powder	 〈겔랑〉 레브왈레뜨 컴팩트 파우더	• 압축 파우더로 커버력이 뛰어나고 사용이 간편하며 메이크업 수정 시 적합하다.
펄 파우더 pearl powder	 〈겔랑〉 메테오리트 펄구슬 파우더	• 펄이 섞인 제품으로 피부에 광택을 주어 글로시나 쉬머 메이크업에 사용한다.
스타 파우더 star powder	 〈메이크업포에버〉 스타릿 다이아몬드 파우더	• 펄 파우더보다 더 화려한 분위기를 연출할 때 사용한다.
피니시 파우더 finish powder	 〈맥〉 미네랄라이즈 스킨피니쉬	• 펄을 함유한 색색의 알갱이 형태, 또는 콤팩트 형태로 된 제품이 많으며 메이크업 마무리용으로 사용한다.

3) 색상별 분류

색 상	기 능
투명 파우더	• 파운데이션의 색상을 그대로 표현해 주며 자연스러운 피부 표현 시에 사용한다.
그린 파우더	• 피부의 붉은 기를 중화시켜 주고 잡티를 커버해 준다.

색 상	기 능
퍼플 파우더	• 자연광보다 인공조명에 잘 어울리며, 화사한 분위기를 연출해 주어 파티 메이크업에 많이 사용한다. • 피부 톤이 칙칙해 보일 때 마무리 단계에서 사용한다.
핑크 파우더	• 창백한 피부에 혈색을 부여하고 화사한 느낌을 준다.
오렌지색 파우더 (선 브론즈 파우더)	• 까무잡잡한 피부나 선탠 메이크업 시 다갈색의 건강한 피부를 표현할 때 사용한다.
옐로 파우더	• 검은 피부를 중화시켜 준다.

4) 파우더 바르는 테크닉

[퍼프로 파우더 바르기]

① 한 장의 퍼프에 파우더를 충분히 묻힌 다음 다른 한 장에 서로 맞대어 가볍게 비벼서 파우더의 양을 조절한다.

② 피지 분비가 적은 턱 밑이나 이마 등 얼굴 바깥쪽에서 시작하여 안쪽으로 바르며 들어간다.

③ 코, 턱, 입술, 눈꺼풀 등 굴곡이 있는 부분은 퍼프를 반으로 접어서 구석구석 눌러 준다.

④ 팬 브러시로 여분의 가루를 털어 낸다.

※ 퍼프로 파우더를 바르면 꼼꼼하고 밀착력 있게 피부 표현을 할 수 있다.

[브러시로 파우더 바르기]

① 파우더 브러시를 용기에 넣어 골고루 파우더를 묻히고 나서 얼굴 전체에 바른다.

② 팬 브러시로 여분의 가루를 털어 낸다.

※ 브러시로 파우더를 바르면 가볍고 내추럴하게 피부 표현을 할 수 있다.

3. 아이브로 메이크업

1. 아이브로Eyebrow

(1) 기능

① 얼굴형과 눈매를 보완해 준다.
② 얼굴의 인상을 결정짓는다.
③ 얼굴 전체의 이미지 변화와 개성을 창출한다.

(2) 종 류

종 류	브랜드명/제품명	기 능
펜슬 타입	 〈샤넬〉 크레용 수르실	• 가장 대중적이며 눈썹이 뚜렷하지 않거나 숱이 적은 경우에 사용한다. • 선명하고 깨끗하게 그려지며 선의 느낌이 강하다.
섀도 타입	 〈입생로랑〉 꾸뛰르 브로 팔레트	• 가장 자연스럽고 면의 느낌 표현에 적합하며 눈썹 숱이 많은 사람에게 적당하다.
에보니 타입	 〈JX〉 아이브로 에보니	• 흑연을 함유한 발색 없는 회색 연필로 눈썹 결을 따라 심듯이 그린다.
브로 타입	 〈바비브라운〉 내추럴 브로 쉐이퍼	• 솔 형태로 헤어 컬러에 맞추어 간편하게 눈썹 컬러를 바꿀 수 있다.

(3) 눈썹 색상에 따른 이미지

색 상	이미지
회 색 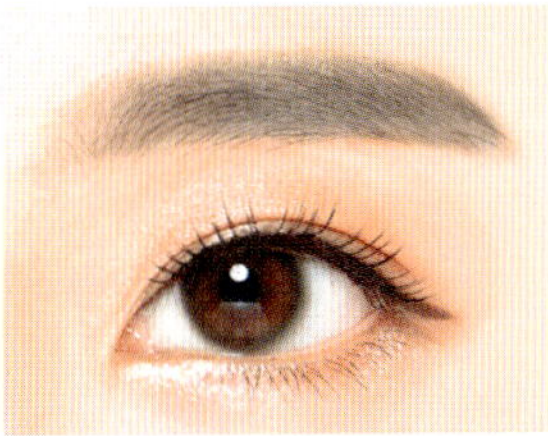	• 차분하고 침착한 이미지로 가장 대중적이다.
검정색 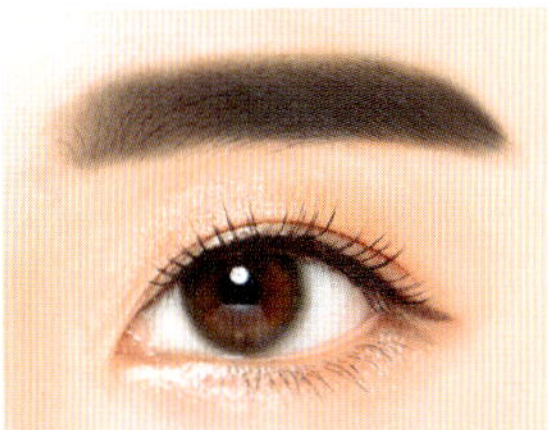	• 깨끗한 이미지로 강하고 개성적인 느낌을 준다. • 피부가 희고 모발색이 검은 경우에 적합하다.
갈 색 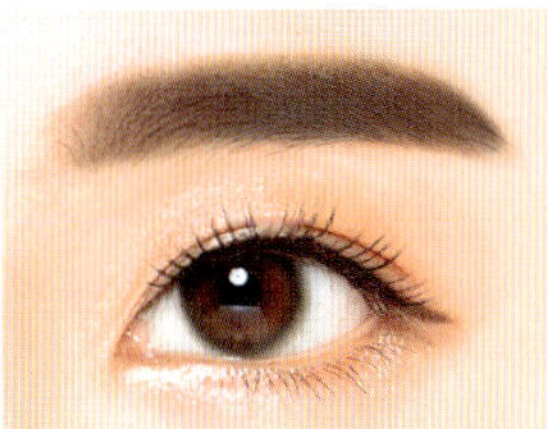	• 우아하고 부드러우며 세련된 이미지다.

(4) 눈썹 길이, 굵기, 색상에 따른 이미지

구 분	길이/굵기	이미지
길이	긴 눈썹	성숙하고 여성스러우며 정적이다.
	짧은 눈썹	동적이고 귀여우며 젊게 보인다.
굵기	굵은 눈썹	활동적이며 젊게 보이고 남성적이다.
	가는 눈썹	고전적이고 동양적이며 여성스러우나 자칫 나이 들어 보인다.
색상	짙은 눈썹	강하고 젊게 보인다.
	엷은 눈썹	자연스럽고 부드러우며 여성스럽게 보인다.

(5) 눈썹 형태별 이미지

눈썹 형태		이미지
표준형 눈썹	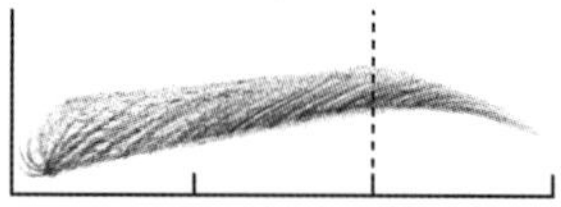	• 모든 얼굴형에 잘 어울린다.
수평형 눈썹	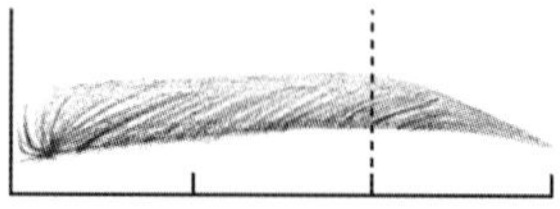	• 눈썹 머리와 눈썹 꼬리가 거의 수평에 가까우며 젊고 활동적인 느낌을 준다. • 긴 얼굴, 폭이 좁은 얼굴형에 어울린다.
각진형 눈썹	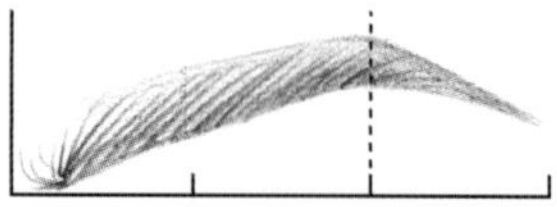	• 현대적이고 세련된 느낌을 준다. • 둥근 얼굴형에 어울린다.
아치형 눈썹	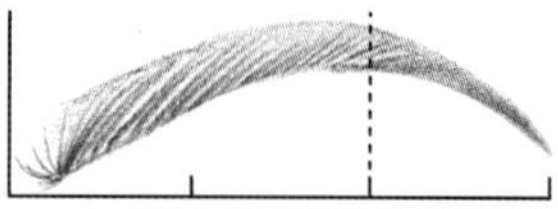	• 우아하고 여성적인 느낌을 준다. • 역삼각형, 다이아몬드형, 이마가 넓은 얼굴형에 어울린다.
상승형 눈썹	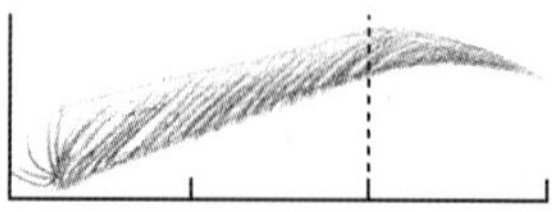	• 활동적이고 시원한 느낌을 준다. • 둥근형, 삼각형, 각진 얼굴형에 어울리며 짧게 그린다.
처진형 눈썹	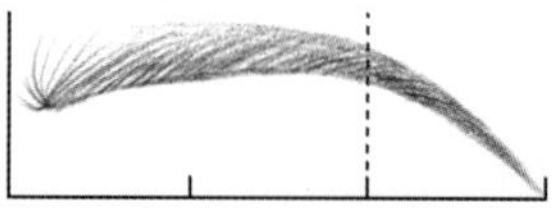	• 온순하고 부드러우나 우울한 느낌을 준다.

(6) 눈썹 수정 방법

도 구	내 용
수정가위 컷	• 수정가위를 이용하여 불필요한 눈썹을 잘라 내는 방법이다.
블렌드 컷	• 브로 브러시를 대고 빗질하여 빗 위로 빠져나온 눈썹과 아래로 빗질하여 아래로 빠져나온 눈썹을 가위로 잘라 내는 방법이다.
트위저	• 족집게를 이용하여 눈썹을 뽑아 내는 방법이다.
쉐이빙	• 눈썹 전용 면도칼을 이용하여 불필요한 털을 밀어 주는 방법이다.

① 스크루 브러시를 이용하여 눈썹 결대로 빗어 준다.

② 아이 브로 펜슬로 원하는 눈썹 형태를 그린다.

③ 눈썹 형태 바깥에 있는 불필요한 부분에 난 털은 눈썹 전용칼과 핀셋을 이용하여 털이 난 반대방향으로 제거해 준다.

④ 눈썹 정리용 콤으로 눈썹을 위로 빗어 눈썹 산 이후의 불필요한 길이를 눈썹 가위로 잘라준다.

⑤ 눈썹 정리용 콤으로 눈썹을 아래로 빗어 눈썹 산 이후의 불필요한 길이를 눈썹 가위로 잘라준다.

⑥ 화장솜에 수렴 화장수를 묻혀 패팅하면서 진정시켜 준다.

눈썹 결 정리하기	눈썹 형태 그리기	잔털 제거하기	족집게로 뽑아 주기	눈썹가위로 잘라 주기	진정시키기

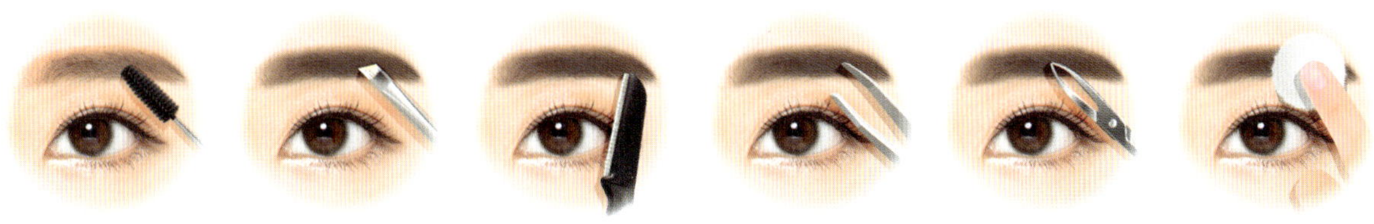

(7) 기본형 눈썹 그리는 방법

① 눈썹 앞머리는 코끝을 지난 다음에 수직으로 올려서 만나는 곳에 위치하도록 정한다.

② 눈썹 산의 위치는 눈썹 길이의 2/3 지점에 위치한다.

③ 눈썹 길이는 콧 망울과 눈꼬리를 45°각도로 연결해서 연장했을 때 만나는 지점에 정한다.

④ 눈썹길이는 눈의 길이보다 길게 그린다.

⑤ 눈썹 앞머리와 눈썹 꼬리는 일직선상에 위치하여야 한다.

⑥ 눈썹 앞머리는 자연스럽게 하며 눈썹 꼬리 쪽으로 갈수록 진하게 그린다.

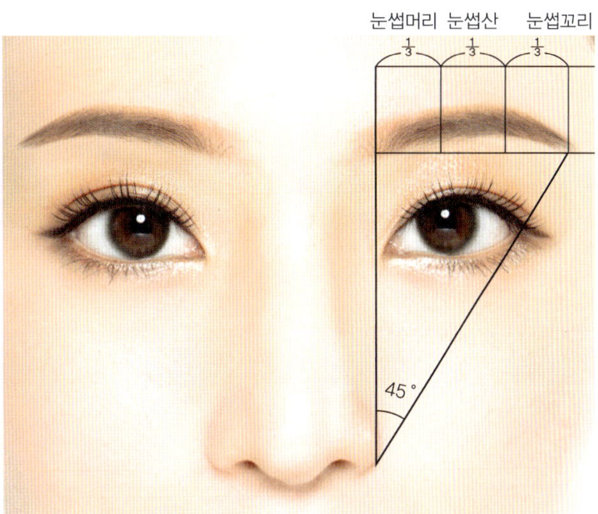

4. 아이 메이크업

1. 아이섀도Eye shadow

(1) 기능

① 눈매를 수정·보완해 준다.

② 눈에 색감과 음영을 주어 깊이 있고 입체감 있는 눈으로 보이게 한다.

③ 색의 대비효과를 통해 표정 있는 눈매를 연출한다.

(2) 종류

종 류	브랜드명/제품명	기 능
케이크 타입	 〈스틸라〉 럭스 아이섀도	• 가루를 압축하여 만든 콤팩트형으로 색상이 다양하다. • 자연스러운 색감 표현과 그라데이션이 용이하나 잘 지워지고 가루 날림 현상이 있다.
크림 타입	 〈샤넬〉 옹브르 프리미에르 크림섀도	• 유분이 들어 있어 부드럽게 발라지고, 발색력, 밀착력, 지속력이 뛰어나다. • 장시간 메이크업 시 사용하기에 적합하나 뭉치거나 경계가 생기기 쉽다.
파우더 타입 (스타 파우더)	 〈머스테브〉 컬러파우더 문라이트	• 펄 입자의 제품으로 광택감과 화려함을 연출하고 하이라이트용으로 많이 사용된다. • 케이크나 크림 타입 섀도 위에 덧바르면 발색력이 높아진다.
펜슬 타입	 〈나스〉 벨벳섀도 스틱	• 사용이 편리하고 발색력이 우수하며 휴대가 간편하다. • 색상이 다양하지 못하고 쉽게 뭉치거나 경계가 생기기 쉽다.

종 류	브랜드명/제품명	기 능
피그먼트 타입	 〈스틸라〉 메탈 글리터 앤 글로우	• 발색력이 우수하고 메탈릭한 광택감을 표현한다.

(3) 아이섀도 명칭

종 류	기 능
베이스 컬러	• 눈두덩 전체에 도포하는 컬러로 메인 컬러와 포인트 컬러 섀도를 돋보이게 한다.
메인 컬러	• 베이스 컬러보다 1단계 진한 색상으로 아이섀도의 주 색상이자 눈매의 이미지를 결정하는 색으로, 눈을 떴을 때 2~3mm 보이도록 바른다. • 속눈썹 라인에서 눈 위쪽으로 눈꺼풀의 1/3 또는 3/4 정도까지 그라데이션한다. • 베이스 컬러보다 진하고 포인트 컬러보다 엷은 색을 말한다.
포인트 컬러 (악센트 컬러)	• 눈을 또렷하게 강조하기 위해 바르는 색으로 쌍꺼풀 부위나 눈꼬리 부분에 도포하며 눈의 크기, 형태, 이미지를 좌우한다. • 의상 색, 시간, 장소, 복석에 맞추어 사용한다.
하이라이트 컬러	• 아이섀도 색상 중 가장 밝은 명도로 어떤 부위의 돌출과 넓게 보이고자 하는 부위에 사용한다. • 눈썹 뼈 부분이나 눈 앞머리, 눈동자 중앙 위치에 사용한다.
언더 컬러	• 메인 컬러 또는 포인트 컬러 섀도를 눈밑 언더 라인에 바른다. • 눈의 형태, 취향에 따라 생략, 강조가 가능하며 눈꼬리에서 눈 중앙을 향하여 펴 바른다.

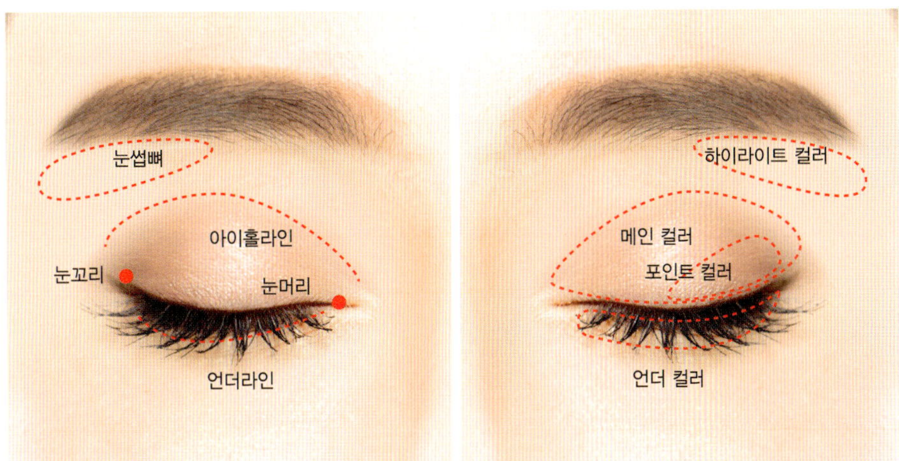

(4) 아이섀도 색상별 효과

색 상		효 과
갈색 계열		• 자연스럽고 차분하며 입체감을 살리는데 사용한다. • 피부색, 모발색과 잘 어울리며 어느 피부에나 적합하다.
청색 계열		• 시원하고 차가운 느낌을 주며 여름 메이크업에 많이 사용된다. • 눈을 가장 또렷하게 보이도록 한다.
녹색 계열		• 젊고 건강하며 생기 있는 느낌을 준다. • 다갈색 피부에 어울리며 봄 메이크업에 사용된다.
보라색 계열		• 우아하고 성숙한 여성미가 강조되며 고급스럽다. • 흰 피부에 어울리며 파티 메이크업에 많이 사용된다.
회색 계열		• 세련되며 흰 피부에 어울린다. • 스모키 메이크업에 많이 사용된다.
적색 계열		• 사랑스럽고 어리게 보이며 여성스러운 이미지다. • 흰 피부나 핑크색 피부에 어울린다.

(5) 눈 형태에 따른 아이섀도 테크닉

작은 눈	• 답답하고 소극적인 인상을 주기 때문에 시원스럽게 보이도록 눈의 크기를 넓고 길어보이게 한다. • 눈꺼풀 전체에 밝은 색상이나 펄감이 풍부한 아이섀도를 발라 산뜻하게 표현한다. • 윗 눈꺼풀 전체 눈길이 1/2 정도에서 뒤쪽으로, 아래 눈꺼풀 1/3 지점부터 눈꼬리 쪽으로 짙은 색의 섀도를 발라 길게 빼준다. • 아이라인은 위쪽 눈꺼풀을 따라 길게 그리고, 윗라인과 아래 라인이 만나지 않도록 한다. 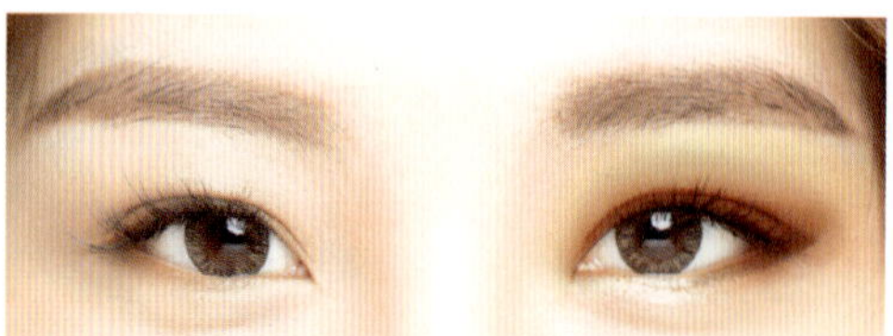

쌍꺼풀이 없는 가는 눈

- 고집스럽고 답답해 보이므로 둥근 느낌의 눈매로 시원스럽게 표현한다.
- 쌍꺼풀 두께만큼 위쪽 눈꺼풀을 따라 포인트 컬러를 길고 넓게 넣어 주며 눈썹뼈 부분에 하이라이트를 주어 입체감을 표현해 준다.
- 또는 눈이 정면을 바라본 상태에서 쌍꺼풀 라인만큼 포인트 선을 잡아서 아이홀 바깥쪽을 향하여 그라데이션하고 라인 안쪽을 밝게 처리한다.
- 아이라인은 굵게 그린다.

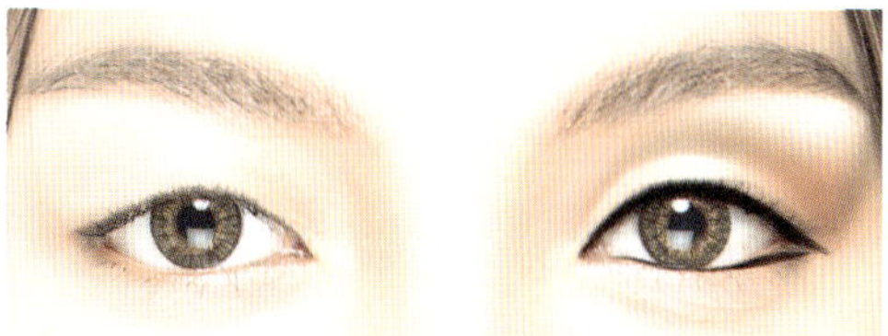

큰 눈

- 시원스럽고 표정이 풍부해 보이나 눈만 두드러져 보일 수 있다.
- 아이섀도는 수평이 되도록 자연스러운 색으로 표현한다.
- 아이라인은 눈머리와 눈꼬리를 강조하여 그리거나 속눈썹을 메워 주며 얇게 그린다.

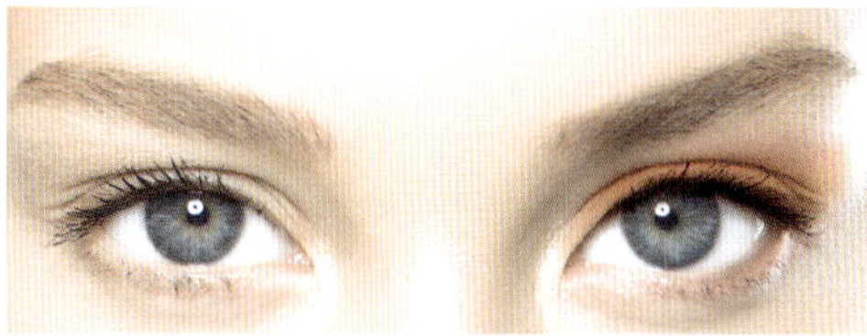

튀어 나온 눈

- 아이섀도는 펄감이 없는 매트한 브라운이나 회색을 연하게 펴 바르고 눈썹뼈 부분에 펄감이 있는 제품으로 하이라이트를 넣어 주며 윗 눈꺼풀을 따라 포인트 컬러로 선을 긋듯이 바른다.
- 아이라인은 속눈썹을 메워 주며 그린다.

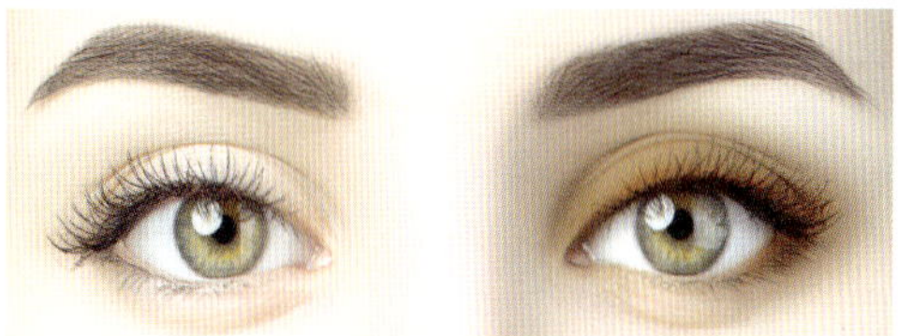

움푹 들어간 눈

- 그윽한 눈매로 현대적인 감각과 부드럽고 섬세한 느낌을 준다.
- 아이섀도는 밝은 색, 펄 제품의 섀도를 이용하여 아이홀 전체에 도포하여 돌출되어 보이도록 하며, 중간 톤 아이섀도로 눈꼬리 위와 아랫 부분에 포인트를 주어 또렷한 눈매를 연출한다. 한색은 피하고 따뜻한 느낌의 색상, 밝은 색상 사용할 것

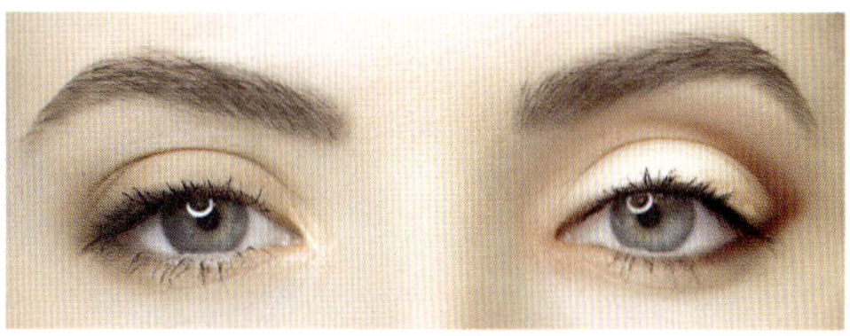

부어 보이는 눈	• 무표정하고 고집스러워 보이므로 눈두덩이에 어두운 색상으로 음영을 주어 들어가 보이도록 한다. • 아이섀도는 레드 계열, 펄 제품은 피하고 딥 톤의 겨자색 또는 중간 톤의 브라운 계열로 눈두덩 전체에 음영을 주어서 입체감을 표현해 준다. • 아이라인은 속눈썹을 메워 주며 얇게 그린다. 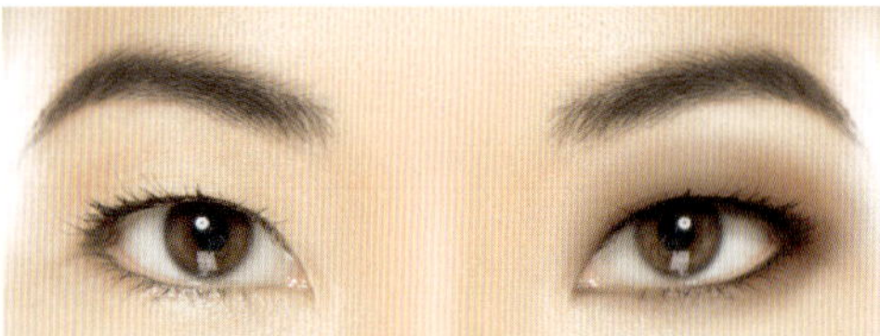
눈꼬리가 올라간 눈	• 냉정하고 날카로운 분위기로 온순한 느낌의 인상을 만들어 준다. • 눈꼬리가 올라가면 인상이 강해 보이므로 브라운, 와인 등과 같이 온화한 색상의 아이섀도를 선택한다. • 포인트 컬러로 눈 앞머리는 진하게 바르고 눈 중앙에서 꼬리까지는 엷은 색을 바르며, 언더 섀도는 수평으로 넓게 펴 바른다. • 아이라인은 본래의 눈꼬리보다 약간 내려서 그린다. 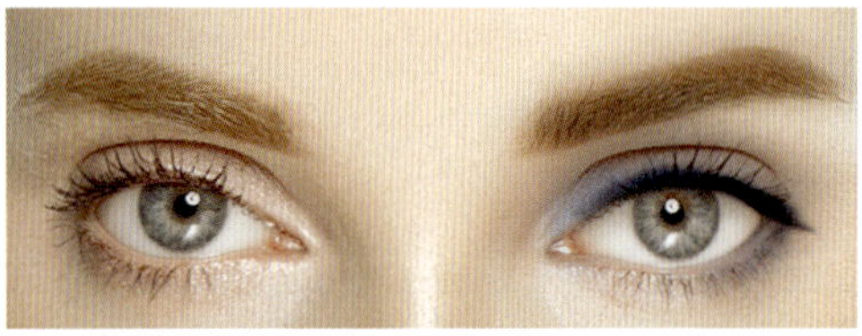
눈꼬리가 처진 눈	• 온순하고 순진한 인상을 주나 자칫 우울한 느낌을 주므로 눈꼬리 쪽을 올려 표현한다. • 포인트 컬러를 눈꼬리 쪽으로 더 올려서 펴 발라 눈꼬리 부분이 올라가 보이도록 한다. • 아이라인은 눈의 2/3 지점부터 눈꼬리 방향으로 본래 눈꼬리보다 올라가게 두껍게 그린다. 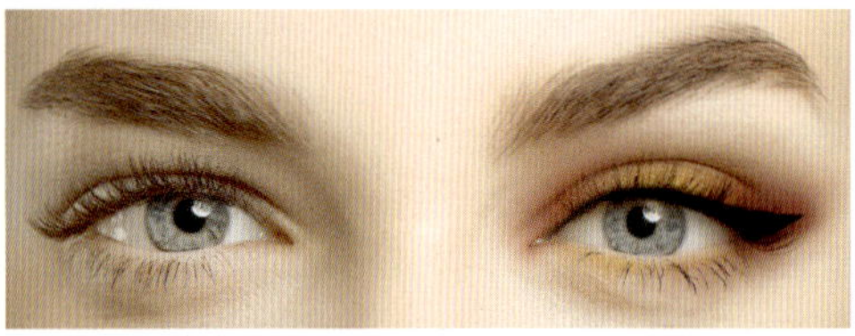

눈과 눈 사이의 간격이 넓은 눈	• 낙천적이며 나태해 보이는 이미지를 주므로 눈앞머리에 포인트를 준다. • 눈앞머리에서 코가 있는 쪽을 향해 아이섀도를 약간 엷게 펴 바르며, 눈 앞머리 부분에는 진한 색상의 섀도를 사용하여 어둡게 터치해 주고 눈꼬리 부분은 밝은 색상으로 하이라이트를 주어 눈 간격이 좁아 보이도록 한다. • 아이라인은 전체적으로 수평 느낌으로 앞머리를 조금 앞으로 나오게 하여 또렷하게 그린다. 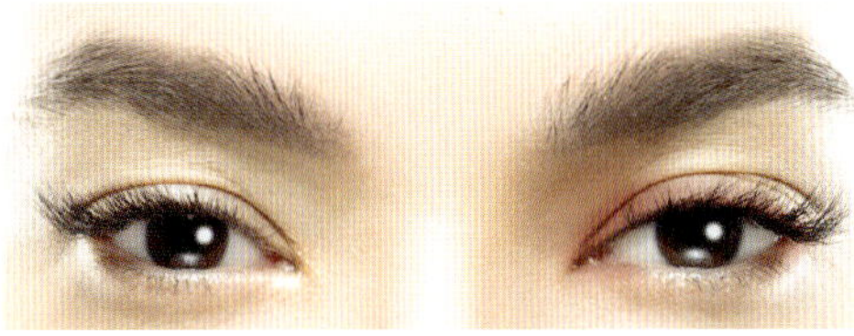
눈과 눈 사이의 간격이 좁은 눈	• 소극적이고 예리해 보이므로 시선을 눈꼬리 방향으로 유도한다. • 눈 앞머리에서 중간 부분까지 밝고 화사한 색상을 발라 눈과 눈 사이의 간격이 넓어 보이 도록 하며, 눈꼬리 쪽은 짙은 색으로 깊이감 있게 표현한다. • 아이라인은 눈꼬리쪽을 또렷하게 그린다. 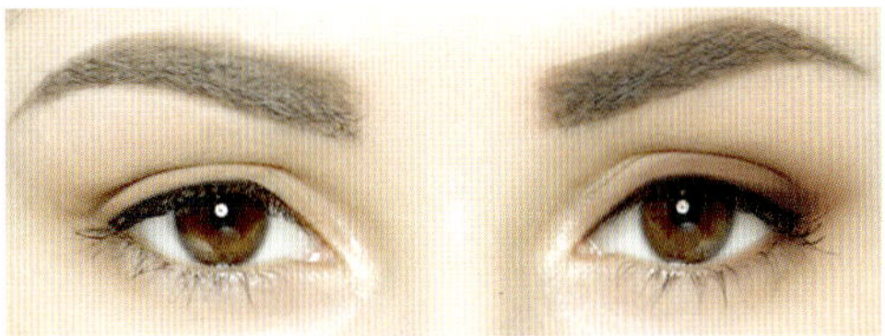

2. 아이 라이너Eye Liner

(1) 기능

① 눈매를 선명하고 뚜렷하게 연출해 준다.

② 눈의 형태를 수정·보완해 준다.

③ 속눈썹을 길어 보이게 한다. 마스카라의 효과 상승

(2) 종류

종 류	브랜드명/제품명	기 능
펜슬 타입	 〈케이트〉 스무드 아이라이너 펜슬	• 자연스러운 이미지를 표현하기에 적절하고 손쉽게 그리거나 수정하기가 쉽다. • 정교하고 또렷한 라인 연출이 어렵고, 지속력이 떨어지며, 쉽게 지워지거나 잘 번진다.

종 류	브랜드명/제품명	기 능
리퀴드 타입	 〈맥〉리퀴드 라스트 24-아워 워터프루프 라이너	• 내수성, 방수성이 강하고 지속력이 우수하며 번짐 없이 또렷한 눈매를 만들 수 있다. • 수정이 어렵고 조명에 의해 반사되어 광택이 생기며 강하게 표현된다.
케이크 타입	 〈로라메르시에〉 케이크아이라이너	• 물을 섞어 사용하며 부드럽기 때문에 깊이감 있는 눈매를 연출해 준다. • 번들거리는 현상은 없으나 번지는 현상에 주의해야 한다.
붓 펜 타입	 〈머스테브〉 텐션핏 리퀴드 아이라이너	• 사용이 편리하고 펜슬 타입보다 지속력이 우수하며 광택감 없이 자연스럽게 그릴 수 있다.
겔 타입	 〈바비브라운〉 롱웨어 겔 아이라이너	• 펜슬과 리퀴드 타입의 장점을 살린 크림타입 제형이다. • 번짐이 없고 지속력이 우수하며 자연스럽게 발색된다.

(3) 아이라인 그리는 방법

① 눈을 똑바로 앞을 보게 한 뒤 눈꺼풀의 위치를 확인한다.

② 모델의 시선은 무릎을 보게 한 뒤, 눈꺼풀을 손으로 당기면서 눈 모양을 따라 눈 앞머리 → 중앙 → 꼬리를 향해 그리고, 3/4 지점을 지날때 1~2mm 끌어 올리면서 길게 빼어준다.

(4) 눈 모양에 따른 아이라인 테크닉

작은 눈/ 얄팍한 홑겹 눈	• 눈 앞머리에서 중앙부분까지 눈의 형태를 따라 그리다가 눈꼬리 부분으로 갈수록 눈매와 사이를 벌리면서 눈꼬리까지 자연스럽게 흘려 그리며, 이때 사이가 벌어진 부분은 메워 주고, 눈을 떴을 때 라인이 살짝 보이도록 다소 두껍게 그린다. • 언더 라인은 눈이 작은 경우 그리지 않는 편이 낫고, 눈이 큰 경우 눈 앞머리부터 눈꼬리까지 조금 진하게 그린다 • 윗 라인과 아래 라인이 만나지 않도록 수평으로 그려 주며 라인 전체를 강조해 준다. ※ 얄팍한 홑겹 눈은 아이라인 꼬리를 올리거나 내리는 테크닉은 사용하지 않는 편이 좋다. 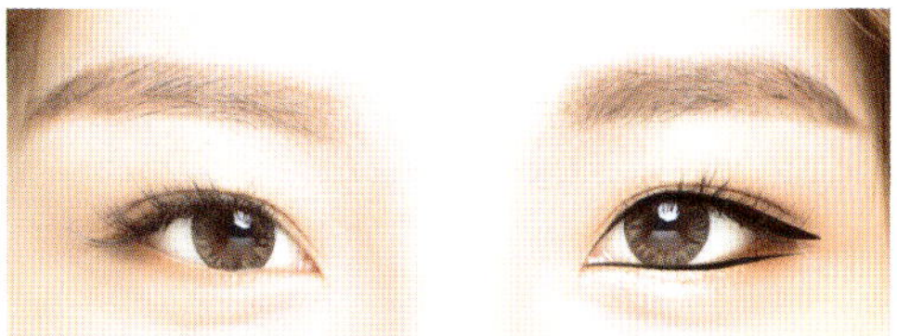
부어있는 홑겹 눈	• 눈앞머리에서 중앙부분의 눈꺼풀까지는 검정색 아이섀도나 펜슬로 라인을 따라 부드럽게 그리며, 중앙에서 눈꼬리 쪽은 리퀴드 또는 붓 펜 타입으로 경사를 주지 말고 눈매를 따라 떨어뜨리며 그린다. • 언더 라인은 잘못 그리면 눈이 더 작아보이므로 그리지 않는 것이 더 좋다. 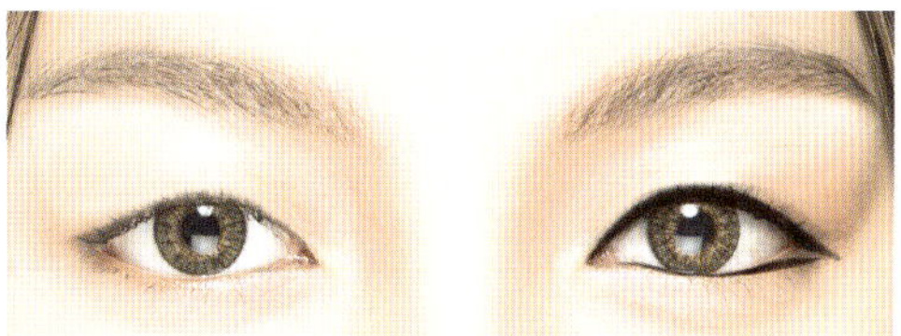
쌍꺼풀 눈	• 최대한 속눈썹 가까이 눈매를 따라 자연스럽고 가늘게 그려 주며 눈꼬리 1~2mm 이전에서 끝을 살짝 빼어주고, 언더라인은 펜슬로 눈 길이의 1/3 정도만 가볍게 그리거나 그리지 않아도 무방하다. 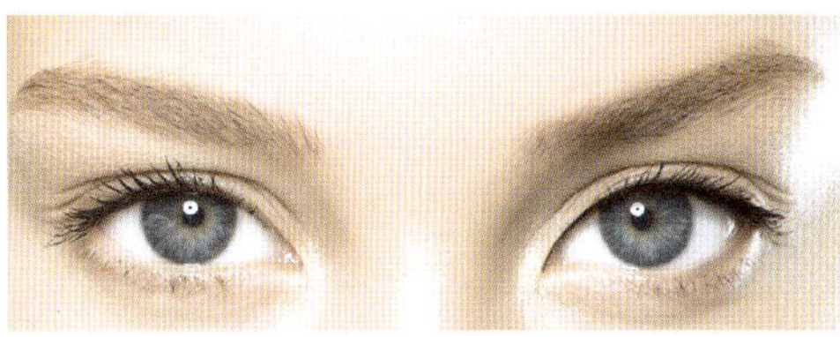

튀어 나온 눈	• 윗 라인은 속눈썹을 따라 얇게 그려 주고 아래 라인은 중앙에 나온 부분만 속눈썹 안쪽에 그린다. 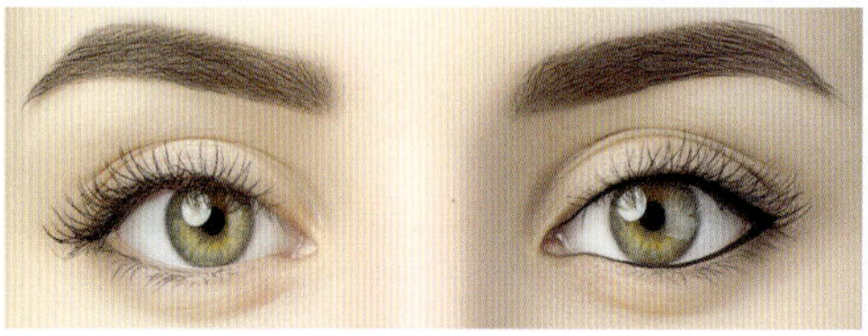
움푹 들어간 눈	• 가늘고 자연스럽게 눈매를 따라 그린다. 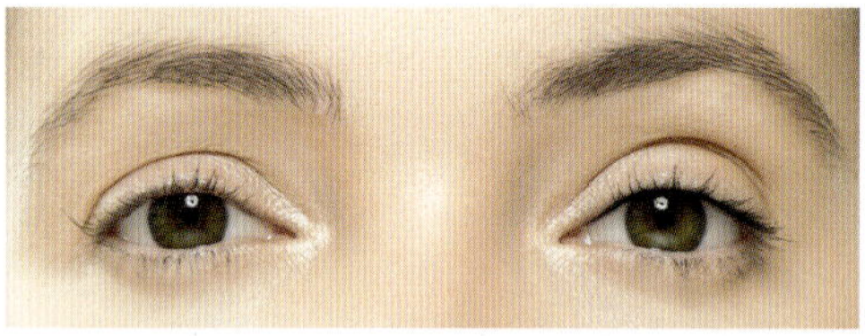
부어 보이는 눈	• 윗 라인과 아래 라인을 전체적으로 굵고 진하게 그려주며 꼬리를 강조해 준다. 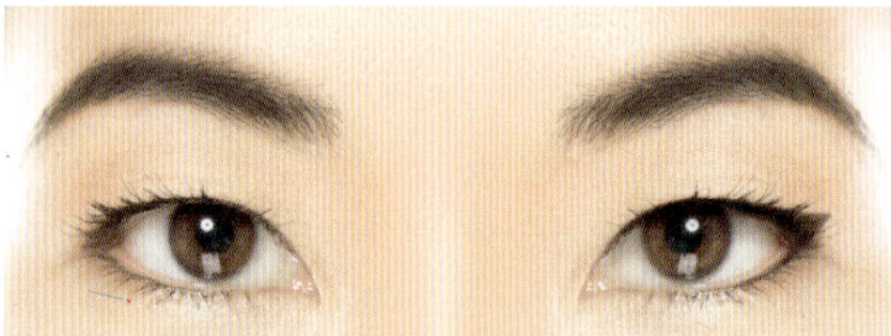
눈꼬리가 올라간 눈	• 눈앞머리를 강조하여 그려 주며 꼬리 부분은 강조하지 않는다. 언더라인 속눈썹 바깥쪽으로 눈앞머리부터 눈꼬리까지 수평으로 그린다. 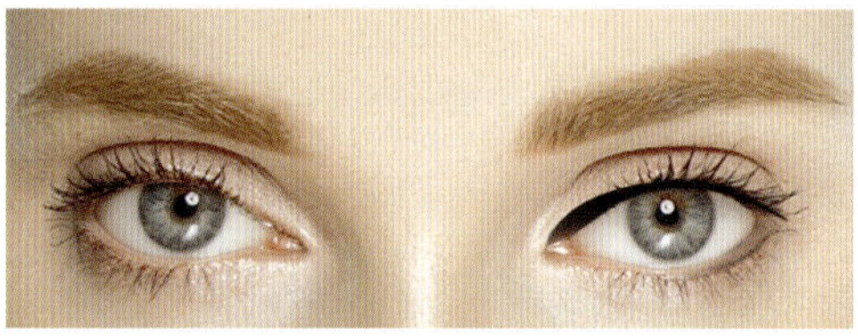
눈꼬리가 처진 눈	• 속눈썹을 따라 그리다가 눈꼬리 부분을 약간 치켜 올리듯이 굵게 그려 주며 눈을 떴을 때 꼬리쪽 라인만 보이지 않도록 잘 연결하여 그린다. 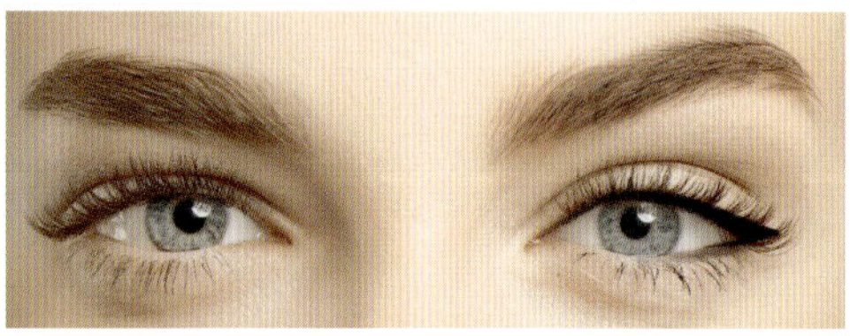

눈과 눈 사이의 간격이 넓은 눈	• 눈 앞머리를 강조해 그린다. 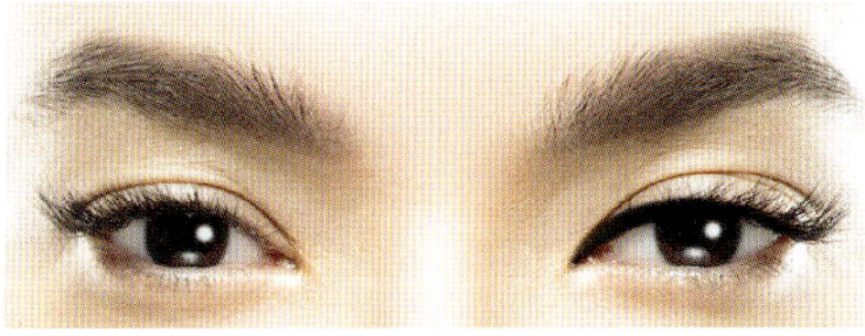
눈과 눈 사이의 간격이 좁은 눈	• 눈꼬리를 강조해 그린다. 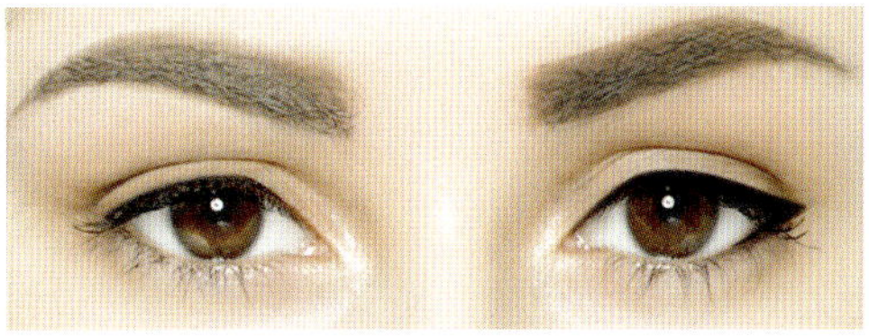

3. 마스카라Mascara

(1) 기능

① 속눈썹을 길고 짙게 보이게 하며, 볼륨감을 주어 깊이 있는 눈매를 연출한다.

② 눈동자를 신명하게 보이게 하고 큰 눈매를 연출하여 입체감을 형성한다.

(2) 종류

종 류	기 능
볼륨 마스카라	• 브러시의 털이 촘촘하고 굵어서 속눈썹을 풍성해 보이도록 한다.
컬링 마스카라	• 부착력과 강도가 뛰어난 마스카라 액과 특수 컬 업curl up 브러시를 이용하여 오랜 시간 컬curl을 유지시켜 주고 속눈썹을 부드럽게 올려 준다.
롱 래시 마스카라	• 식물 세포벽의 주성분인 셀룰로오스를 특수 가공한 섬유질 마스카라fiber mascara로 속눈썹 끝에 섬유질이 붙어 속눈썹이 더 길어 보이는 효과를 준다. • 속눈썹 중간에서 끝 부분을 향해 밖으로 연결한다는 느낌으로 바른다.
워터프루프 마스카라	• 땀이나 물에 잘 지워지지 않는 타입으로 속눈썹을 하나하나 분리해 코팅해 준다. • 속눈썹이 풍부해 보이거나 부드럽다기보다 다소 딱딱한 느낌을 준다. • 여름철 바캉스나 레저 스포츠 때 또는 눈 주위에 쉽게 번지는 사람에게 효과적이다.

종 류	기 능
투명 마스카라	• 무색 마스카라로 이물감이 없고 내추럴한 메이크업에 적당하다. • 눈썹을 빗어 결을 정리하거나 속눈썹을 올려줄 때 사용한다. • 남성 메이크업 시 또는 인조 속눈썹 부착 시 사용한다.
베이스 마스카라	• 마스카라를 바르기 전에 사용하며 밀착력을 높이고 속눈썹이 길어지는 효과가 있다.
마스카라 픽서	• 컬의 지속성을 높여 준다.

볼륨 마스카라

〈바비브라운〉
아이 오프닝 마스카라

컬링 마스카라

〈크리니크〉
래시 파워 컬링 마스카라

롱래시 마스카라

〈스틸라〉
휴즈 익스트림 래시 마스카라

워터프루프 마스카라

〈바비브라운〉
노스머지 마스카라

투명 마스카라

〈에뛰드하우스〉
오마이래시 투명마스카라

베이스 마스카라

〈토니모리〉
퍼펙트아이즈 베이스 마스카라

마스카라 픽서

〈에뛰드하우스〉
닥터마스카라픽서 포 퍼펙트래시

(3) 마스카라 바르는 방법

① 아이래시 컬러를 이용해 C컬링이 되도록 2~3회 나누어 눈썹을 자연스럽게 올려 준다.

② 모델의 시선을 자신의 무릎 양끝을 보게 한 후, 손가락을 눈두덩이 부분에 대고 살짝 끌어올린 상태에서 눈썹 위에서 아랫방향으로 3~4회 쓸어 준다.

③ 눈을 내려본 상태에서 브러시를 아래에서 위를 향해 가볍게 좌우로 움직이면서 올려 준다.

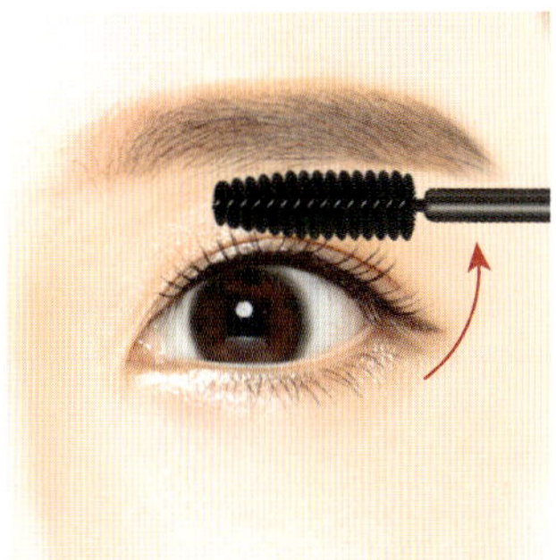

④ 아래 속눈썹은 시선을 위로 하여 좌우로 3~4회 쓸어 준 후, 브러시 끝을 세로로 세워 눈썹 결을 따라 바른다.

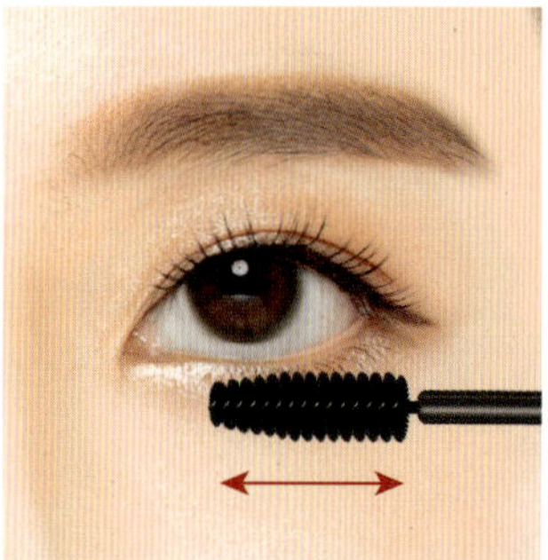

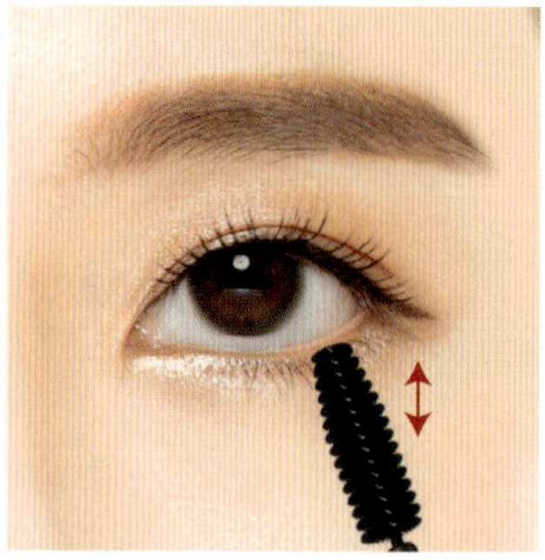

⑤ 마스카라가 다 마르면 다시 한 번 덧발라 볼륨감을 높여 준다.

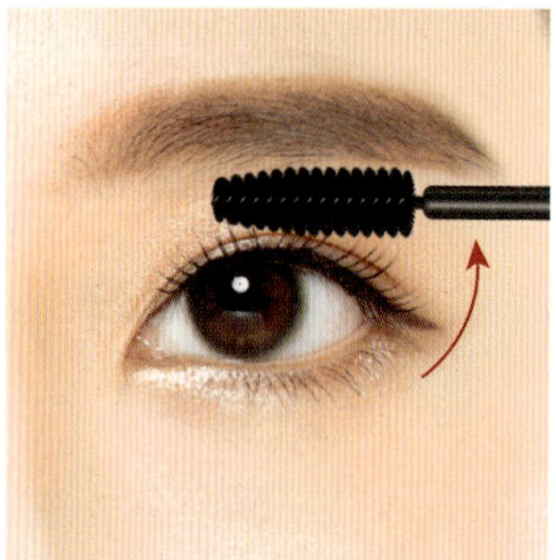

4. 인조 속눈썹False Eye Lashes

(1) 기능

① 눈매를 더욱 크고 또렷하게 보이도록 한다.

② 속눈썹을 짙고 풍부하게 만들어서 깊이 있는 눈매를 연출한다.

③ 다양한 형태와 색상으로 원하는 이미지를 연출할 수 있다.

(2) 종류

종 류	기 능
스트립 래시 (Strip lashe) 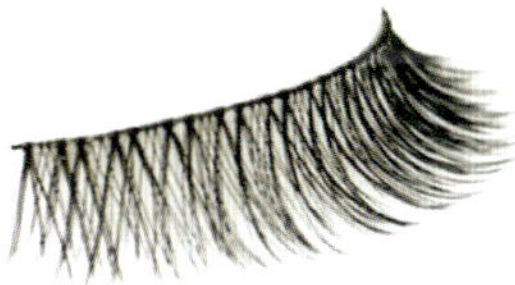	• 눈 모양으로 휘어진 띠에 인조 속눈썹이 붙어 있는 형태로 눈 길이에 맞춰 띠를 잘라 사용할 수 있는 일회용 인조 속눈썹이다. • 쉽고 빠른 연출이 가능하며, 눈 앞머리에서 2mm 차이를 두고 붙인다.
인디비주얼 래시 (Individual lashe) 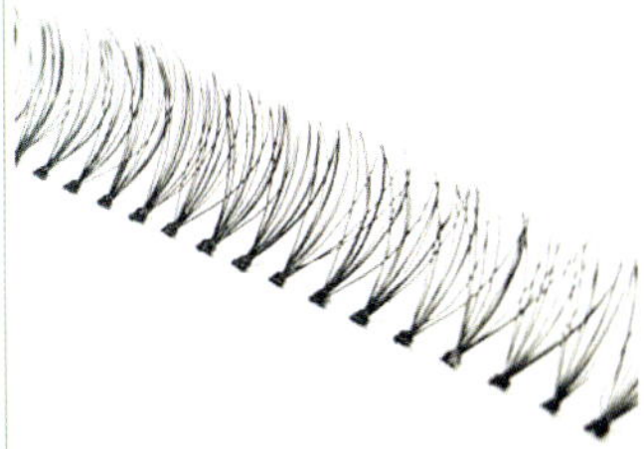	• 인조 속눈썹이 한 가닥 또는 2~3가닥이 한 올을 이루는 일회용 인조 속눈썹이다. • 본래의 속눈썹 사이사이에 붙이며 필요한 만큼 양 조절이 가능하고 자연스러운 이미지 표현에 적당하다. • 스트립 래시를 필요 길이만큼 가닥가닥 잘라서 사용할 수 있다.
연장용 래시 (Extention lashe) 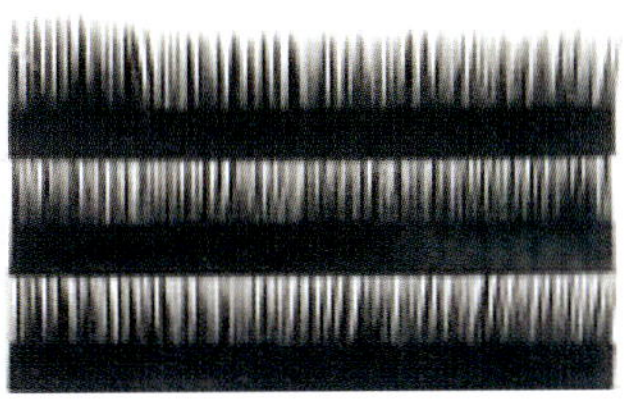	• 본인의 속눈썹 위에 인조 속눈썹을 한 올 한 올 핀셋을 이용하여 심듯이 붙이는 인조 속눈썹이다. • 속눈썹을 풍성해 보이게 하며 속쌍꺼풀인 경우에 효과적이다. • 취급방법에 따라 2~4주 정도 지속 가능하며 자연스러운 연출과 사용감이 좋다.

(3) 인조 속눈썹 붙이는 방법 스트립 래시 붙이기

아이섀도 → 아이라인 → 마스카라 순으로 아이 메이크업 완성 후 인조 속눈썹을 선택한다.

① 핀셋을 이용해 케이스에 부착되어 있는 인조 속눈썹을 떼어 낸다.

② 눈 길이보다 1~2mm 정도 약간 길게 양쪽 끝에서 자른 후에 말굽 모양으로 구부려서 눈꺼풀 곡선에 잘 맞게 한다.

③ 띠의 안쪽 선을 따라 속눈썹 접착제를 바르고 양쪽 끝 부분은 쉽게 떨어지므로 한 번 더 덧바른다.

④ 5초 정도 기다린 후에 시선이 아래로 향하게 한 뒤, 눈앞머리부터 중앙에서 눈꼬리 순으로 속눈썹 가까이에 붙인다.

⑤ 눈꼬리 부분은 아이라인 형태에 맞추어 붙인다.

⑥ 눈을 반쯤 감은 상태에서 스틱이나 면봉으로 지그시 눌러서 붙여준다.

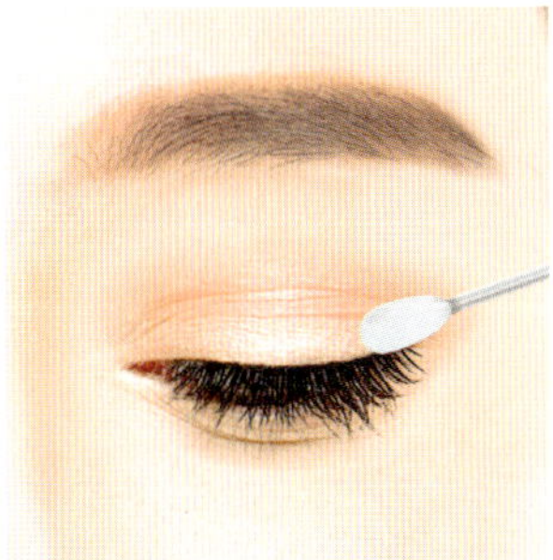

⑦ 마른 속눈썹 풀 자국이 보이지 않도록 다시 한 번 아이라인을 그린다.

⑧ 마스카라를 발라서 인조속눈썹과 속눈썹이 일체가 되도록 한다.

Tip 속눈썹 제거 및 관리 방법

- 워터 타입 아이리무버를 화장솜에 적셔 눈가에 댄 뒤, 속눈썹 풀이 부드러워지면 눈꼬리에서 눈머리를 향해 서서히 떼어 낸다.
- 떼어낸 속눈썹은 재사용 시 접착제를 손으로 완전히 떼어 낸 후 티슈 위에 속 눈썹을 올려놓고 면봉에 아이 메이크업 리무버를 묻혀서 한 올 한 올 마스카라 묻은 것을 제거한 뒤에 원래 모양대로 케이스에 넣어서 보관한다.

5. 치크 메이크업

1. 치크 메이크업Cheek Make up

(1) 기능

① 창백한 얼굴에 혈색을 부여하여 건강하고 생기 있게 보이도록 한다.

② 얼굴형을 수정·보완해 주고 입체감 있는 얼굴을 표현한다.

③ 블러셔 방법에 따라 다양한 이미지를 연출할 수 있다.

(2) 종류

종 류	기 능
케이크 타입	• 파우더를 압축한 형태로 색감 표현이 용이하고 누구나 손쉽게 사용할 수 있다.
크림 타입	• 손이나 스펀지를 이용하여 파우더를 바르기 전에 사용한다. • 그라데이션이 용이하고 발색력과 지속력이 우수하다.
파우더 타입	• 가루 형태로 브러시나 퍼프에 묻혀 사용한다. • 자연스럽게 표현할 수 있으며 뭉치지 않도록 양을 조절하여 사용한다.

케이크 타입	크림 타입	파우더 타입

〈루나〉 어반글로우 블러셔 듀오	〈더샘〉 샘물 스틱 크림 블러셔	〈호피걸〉 3D 파우더 블러셔

(3) 피부 톤에 따른 치크 색상

피부 톤	치크 색상	
희고 밝은 피부 톤	핑크계열	• 베이비 핑크baby pink • 로즈핑크rose pink • 페일 에프리콧pale apricot
노르스름하고 약간 창백한 피부 톤	오렌지/코럴계열	• 샐먼 핑크salmon pink • 스칼렛scarlet
전체적으로 짙은 황갈색 피부 톤	브라운 계열	• 펌킨pumpkin • 딥 브론즈deep bronze • 피치peach

(4) 치크 색상별 이미지

치크 색상	이미지
핑크 계열	귀엽고 여성스러우며 청순해 보인다.
레드 계열	강렬하고 정열적이며 화려해 보인다.
오렌지 계열	건강하고 발랄해 보인다.
브라운 계열	차분하고 자연스러우며 세련되어 보인다.
퍼플 계열	지적이고 우아하며 여성스럽고 품위있어 보인다.

(5) 치크 기본 위치

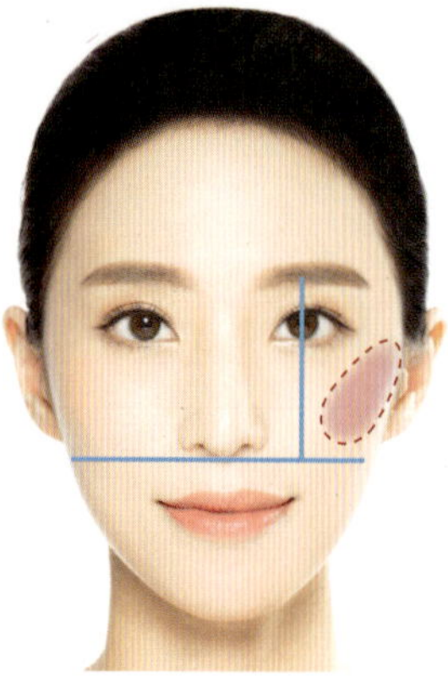

볼터치 기본도정면

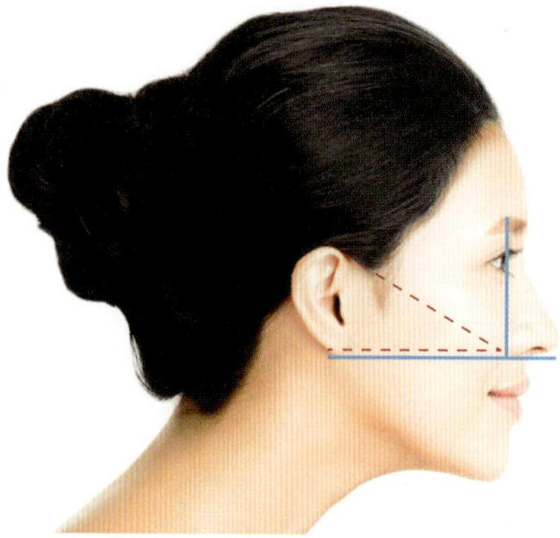

볼터치 기본도측면

(6) 얼굴형에 따른 치크 방법

긴형	둥근형	역삼각형
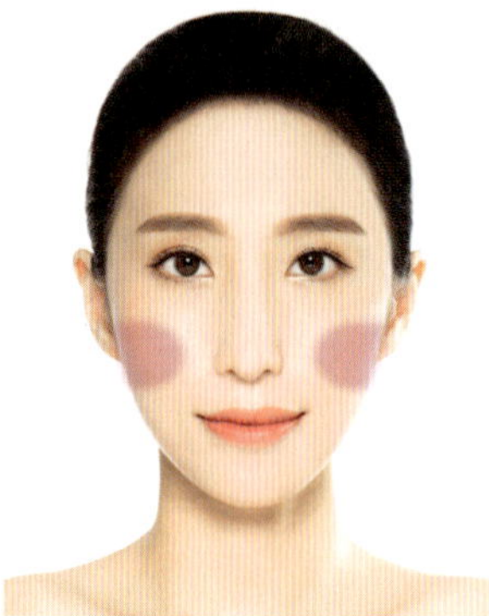	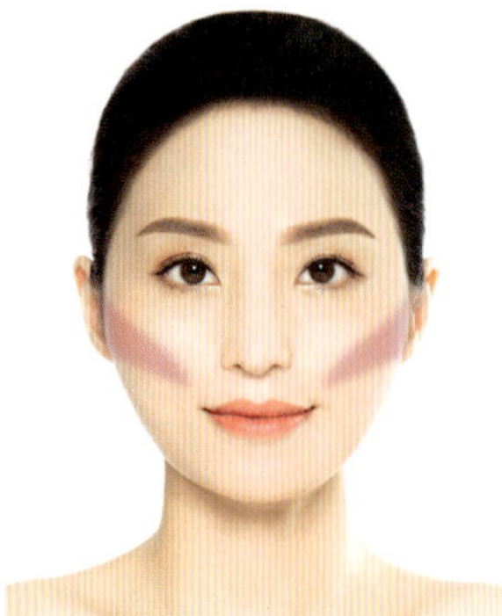	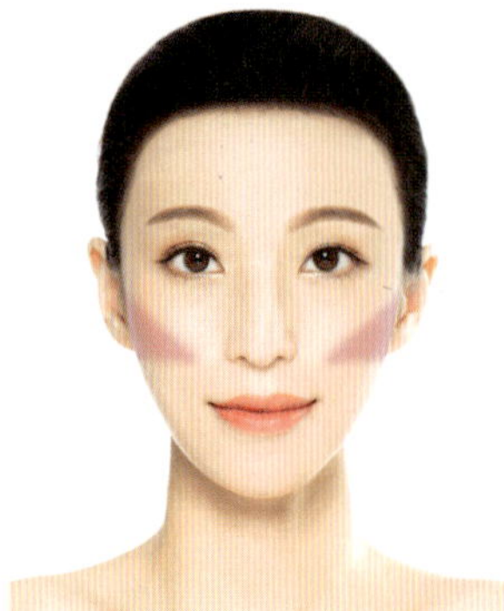
눈 앞머리를 향해	입 꼬리를 향해	코끝을 향해

사각형	다이아몬드형
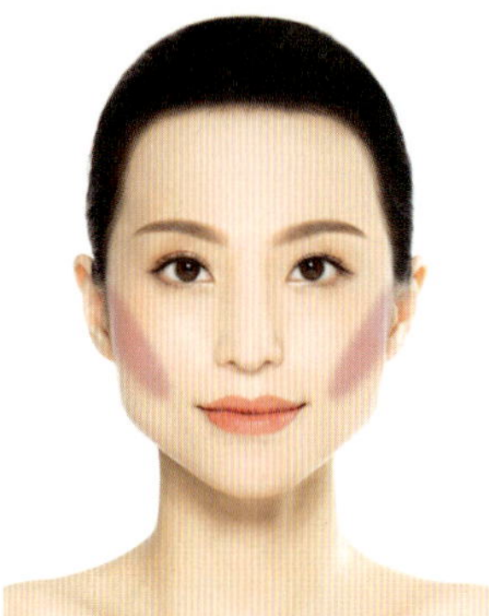	
둥근 느낌으로 턱 끝을 향해	둥근 느낌으로 광대뼈를 감싸듯이

(7) 치크 위치에 따른 이미지

여성스러운 이미지	세련되고 지적인 이미지

• 볼 뼈를 중심으로 눈 주위와 관자놀이 방향으로 엷게 펴 준다.	• 볼 뼈 위쪽은 밝은 색으로 하이라이트를 넣어 주고 아래쪽은 약간 어두운 색으로 표현한다.
생기발랄하고 활동적인 이미지	**귀여운 이미지**

• 볼 뼈 아랫부분에 사선방향의 선적인 느낌을 살려 다소 어둡게 넣어 준다.	• 웃을 때 생기는 눈 밑의 가장 볼록한 뺨 부분에 둥근 형태로 펴 준다.

6. 립 메이크업

1. 립 메이크업Lip Make up

(1) 기능

① 입술 형태의 단점을 수정·보완하며 이미지를 향상시킨다.

② 다양한 색상을 이용하여 입체감을 부여하고 화사하게 연출해 준다.

③ 외부자극으로부터 입술을 보호하고 입술의 건조함을 방지해 준다.

(2) 종류

종 류	기 능
립 밤	• 입술에 수분과 영양을 공급하는 입술 보습제로 건조한 입술에 효과적이다.
립 라이너 펜슬	• 입술 윤곽선을 선명하게 잡아 주며 입술라인 수정 시 적합하다. • 립 제품이 시간이 지나면서 입술의 외곽 주름을 따라 번지는 현상을 막아 준다.
립스틱	• 가장 대중적으로 사용이 편리하고 색상이 다양하며 지속력과 색감이 뛰어나다.
립 크레용	• 립 펜슬보다 두꺼운 형태로 오일 성분이 적어 매트하다.
립 글로스	• 입술에 보습과 윤기를 주며, 볼륨감 있고 촉촉한 입술을 표현해 준다.
립 틴트	• 립 컬러 연출을 위해 착색제로 사용하며 컬러의 지속성이 높다. • 단독 사용 시 건조할 수 있으므로 립 글로스, 립 밤과 같이 사용한다. • 립 틴트를 입술 중앙에 바른 후 옅은 컬러로 입술 중앙부터 바깥쪽으로 자연스럽게 그라데이션 한다.

립 밤

〈아베다〉
립 세이버

립 라이너 펜슬

〈나스〉
프리시전 립 라이너

립스틱

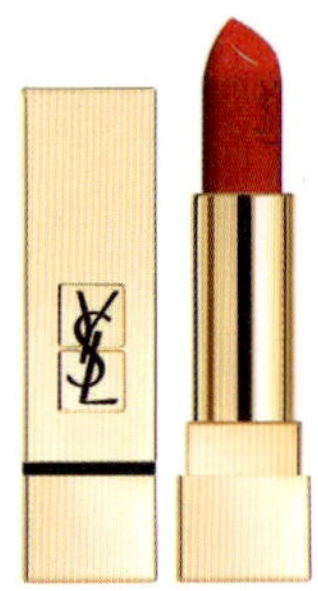

〈입생로랑〉
루쥬 쀠르 꾸뛰르

립 크레용

〈메이블린〉
슈퍼 스테이 립 크레용

립글로스

〈헤라〉
센슈얼 스파이시 누드 글로스

립 틴트

〈페리페라〉
잉크 틴트 세럼

(3) 피부색에 어울리는 립 색상

구분	피부 특징	립 색상
핑크 계열	희고 투명한 피부	• 어떤 색상의 립스틱이든지 무난하게 어울린다. • 핑크, 퍼플, 차가운 레드계열
	희면서 붉은 피부	• 혈색을 완화할 수 있는 색이 어울린다. • 누드 베이지나 은은한 파스텔 계열 • 푸른기가 도는 와인, 퍼플, 레드
베이지 계열	노르스름하고 약간 창백해 보이는 피부 (동양인에게 많은 피부 타입이다)	• 채도가 높은 오렌지, 레드, 코럴산호색
	전체적으로 짙은 황갈색 피부	• 채도가 높은 오렌지 레드, 브라운 계열

※ 얼굴에 잡티가 많은 피부는 다크 레드, 다크 브라운, 마젠타, 와인 등 선명하고 짙은 립 색을 발라 시선을 입술로 집중시키며, 깨끗한 느낌의 피부를 표현한다.

(4) 의상색에 어울리는 립 색상

의상색	립 색상
그린 계열	오렌지 톤/브라운 톤
레드 계열	레드 톤/브라운 톤
블루 계열	선명한 레드 톤/핑크톤/와인 톤
퍼플 계열	밝은 핑크 톤/적포도주 색
브라운 계열	산호색, 팥죽색 계열의 핑크색/자줏빛이 도는 레드/황갈색
흰색, 아이보리 계열	파스텔 톤 느낌의 색/장미색 톤의 립스틱
검정 계열	어떤 색이든 무난함

(5) 립 색상이 주는 이미지

립 색상	이미지
핑크 계열	• 귀엽고 여성스러우며 로맨틱한 이미지로 웨딩 메이크업 시 많이 사용한다.
오렌지 계열	• 활동적이며 발랄하고 상큼한 이미지로 젊은 여성에게 잘 어울리는 색상이다.
레드 계열	• 강렬하고 화려한 이미지로 얼굴을 더욱 깨끗하게 보이게 한다.
브라운 계열	• 차분하고 성숙하며, 지적이고 섹시한 이미지로 가을 메이크업에 적합하다.
퍼플 계열	• 우아하고 세련된 이미지로 화려하게 포인트를 주고자 할 때 적합하다.

(6) 립 메이크업 적용 방법

① 파운데이션과 파우더로 본래의 입술 색과 입술 윤곽선을 커버하고, 아래 입술 안쪽에 립 색을 살짝 묻혀 컬러 테스트를 한다. 컬러가 어울리지 않은 경우 재수정하기에 가장 용이한 위치임

② 그리고자 하는 입술 모양을 정한 후 양쪽 입술 산에서 시작하여 윗입술 중앙에 V존을 향해 만나도록 입술 산을 그린다.

③ 양쪽 입술꼬리로부터 입술 산을 향해 만나도록 그린다.

④ 아랫입술의 두께를 잡아 주기 위해 중앙 쪽에 가로 라인을 잡아준다.

⑤ 아랫입술꼬리로부터 중앙의 가로 라인이 만나도록 자연스럽게 연결한다.

⑥ 립 브러시에 립스틱을 충분히 묻혀 납작하게 만든 후 브러시와 입술이 수평이 되도록 한 뒤 입술 전체에 립스틱을 채워 주고 입술라인과 자연스럽게 그라데이션 한다.

⑦ 구각까지 세밀하게 발라 입술라인을 깔끔하게 정리한다.

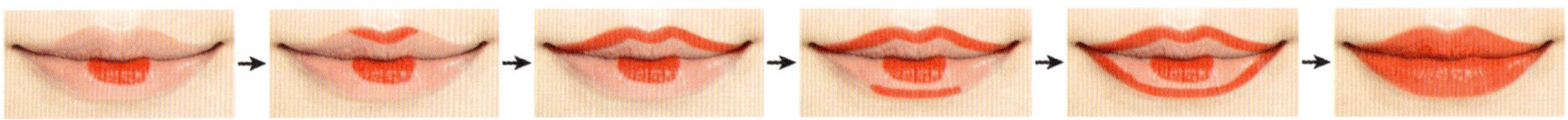

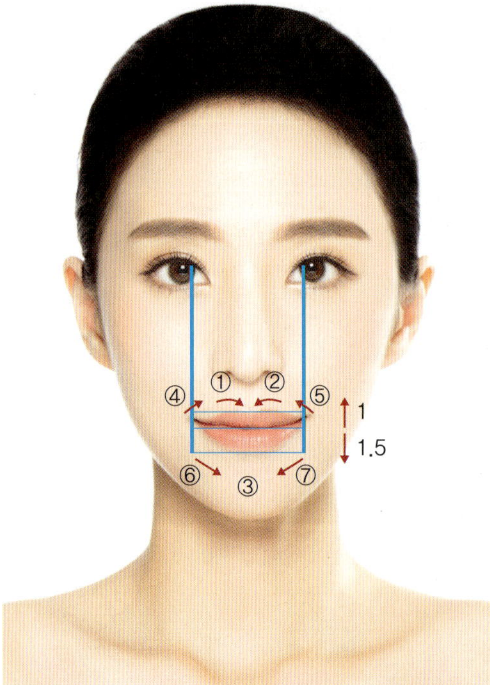

립 메이크업 위치 및 그리는 순서, 비율

Tip 립 메이크업 연출 시 주의사항

- 메이크업 전·후 립 전용 크림을 사용하여 베이스와 코팅 역할을 할 수 있도록 한다.
- 정면을 향한 상태에서 눈동자 안쪽으로 일직선을 그리며 내려와 만나는 위치가 이상적이다.
- 윗입술과 아랫입술의 비율은 기본형의 경우 1:1.5로 아랫입술을 좀 더 두껍게 그려 얼굴 전체의 균형감을 준다.
- 현대에는 1:1.2~1:1.3으로 그려 동안형 립 메이크업 연출하는 것이 트렌드이다.
- 아랫입술 중앙부분에 메인 컬러보다 밝은 컬러를 발라 주면 하이라이트 효과를 주어 입술이 도톰해 보인다.

(7) 립 모양에 따른 이미지

인 커브 In Curve	• 본래 입술 라인보다 1~2mm 정도 얇게 안쪽으로 그려 주는 방법으로 귀엽고 발랄하며 여성스러운 이미지를 연출해 준다.	
아웃 커브 Out Curve	• 본래 입술 라인보다 1~2mm 정도 누껍게 바깥쪽으로 그려 주는 방법으로 성숙하고 섹시한 이미지를 연출해 준다.	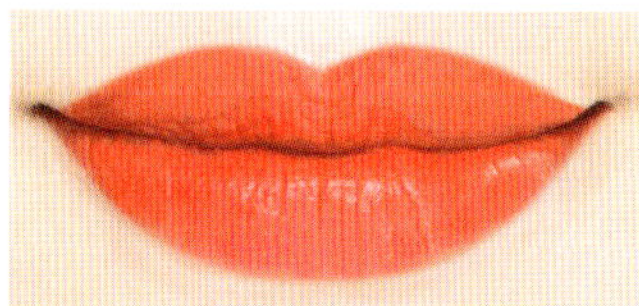
스트레이트 커브 Straight Curve	• 입술산과 아랫입술 라인을 각지게 직선적으로 그려 주는 방법으로 현대적이며 지적이고 활동적인 이미지를 연출해 준다.	

(8) 립 모양에 따른 수정방법

얇은 입술	• 부드러운 반면 빈약해 보이는 입술이다. • 본래의 입술보다 1~2mm 정도 바깥쪽으로 크게 그린다. • 입술에 부피감과 두께감을 주기 위해 펄이나 광택이 나는 밝은 컬러의 제품을 사용한다.	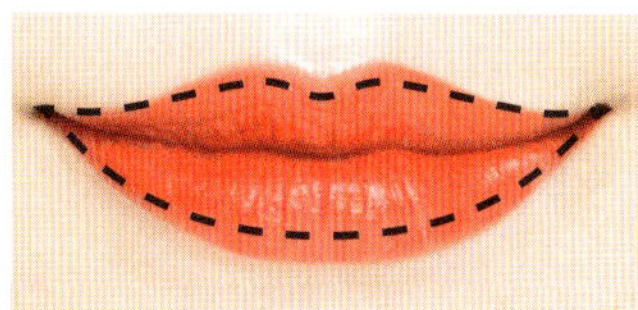

두꺼운 입술	• 자칫 투박해 보이는 입술이다. • 본래의 입술 윤곽선보다 1~2mm 정도 안쪽으로 작게 그린다. • 밝은 컬러의 립스틱이나 펄, 광택 제품은 입술을 더욱 두꺼워 보이게 하므로 매트한 질감의 짙은 컬러의 색상을 사용한다.	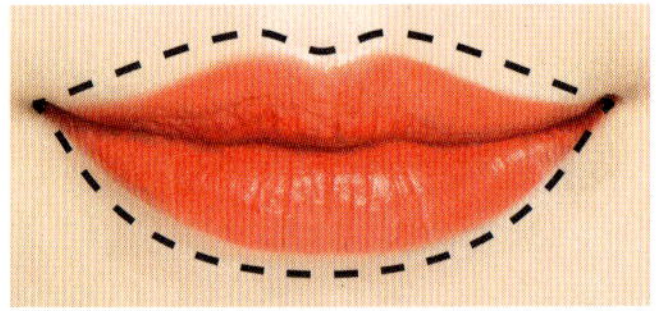
윤곽이 흐린 입술	• 얼굴 전체의 인상이 흐릿해 보일 수 있으므로 립 펜슬을 이용하여 립 라인 전체를 선명하게 그린다. • 선명한 컬러의 립 제품을 선택하여 또렷한 입술을 표현한다.	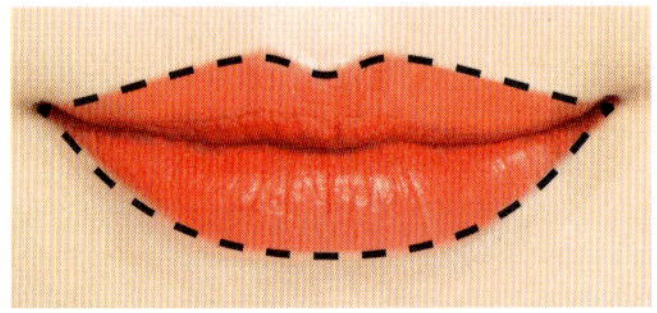
돌출된 입술	• 입술이 두꺼워 보이며 투박한 인상을 줄 수 있다. • 전체적으로 1~2mm 정도 얇게 라인을 잡아주고 아랫입술 중앙 부분에 좀 더 어두운 컬러의 립스틱을 발라 아랫입술이 들어가 보이도록 연출한다. • 펄, 립 글로스 제품은 피한다.	
입술 끝이 처진 입술	• 활기가 없어 보이고 어두운 이미지를 준다. • 구각을 1~2mm 정도 위로 올려 그리고 윗입술은 인커브 형태 로 그린다.	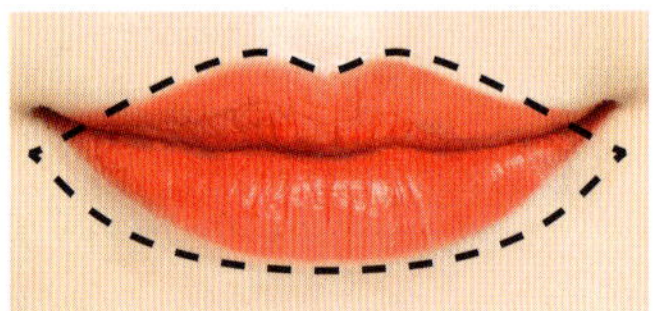
윗입술이 두꺼운 입술	• 컨실러, 파운데이션으로 입술의 윤곽선을 가려 주며 윗입술만 윤곽선보다 1~2mm 정도 작게 그리고 아랫입술은 늘려 그린다. • 동일색상을 바르되, 윗입술을 아래보다 조금 밝게 바른다.	

Chapter 6

실전 메이크업

1. 타임 메이크업
2. 계절 메이크업
3. 남성 메이크업
4. 연령별 메이크업
5. 한복 메이크업
6. 웨딩 메이크업

Chapter 6

실전 메이크업

1. 타임 메이크업Time Make up

(1) 데이 메이크업Day Make up

데이 메이크업은 일상생활을 위해 낮에 연출되는 메이크업으로 개성을 살려 자연스럽게 해야 한다. 햇볕에 노출되는 시간이므로 자외선을 차단할 수 있는 제품을 사용한다. 피부색과 너무 차이가 나는 자극적인 색상은 피하는 것이 좋으며, 의상색이나 계절색에 맞춘 동일색 또는 유사색 계열로 연출한다.

'오피스office 메이크업'으로도 응용할 수 있다.

① **피부표현**Base Make up

피부 톤에 따라 메이크업 베이스를 바른다. 다크서클 부분에 컨실러로 세심하게 커버한 후 리퀴드 혹은 크림 파운데이션을 고루 펴 바른다. 하이라이트용 컨실러는 베이스 파운데이션과 밀착되도록 자연스럽게 그라데이션하고 투명 파우더로 마무리한다.

② **눈썹**Eyebrow

에보니 펜슬 또는 모발 색상과 비슷한 색상의 펜슬이나 아이섀도로 원래의 눈썹 결을 따라 자연스럽게 그린 후, 브러시로 펴 바른다.

③ 눈Eye

아이섀도는 펄이 약간 들어간 것 또는 펄 감이 없는 무광택인 것, 그리고 의상에 어울리는 색이나 그 계절에 유행하는 색을 선택해 바른다. 아이라인은 펜슬 또는 케이크 아이라이너로 눈 모양에 따라 두껍지 않게 자연스럽게 그려주고, 검정 또는 브라운 계열의 마스카라를 두세 번 발라 깊이 있는 눈매를 연출한다.

④ 볼Cheek

의상색이나 립스틱 색상과 조화로운 새로운 색상을 선택해 볼 뼈를 중심으로 얼굴형에 어울리도록 자연스럽게 펴 바른다.

⑤ 입술Lip

의상색이나 피부색, 아이섀도 색상과 어울릴 수 있는 색의 립 글로스 또는 립 컬러를 조화롭게 바른다.

(2) 나이트 메이크업Night Make up

나이트 메이크업은 저녁 모임이나 약속을 준비하는 화장으로 조명에 의해 메이크업 색상이 크게 영향을 받을 수 있다. 데이 메이크업에 비해 인공조명 아래에서 어둡게 보일 수 있음을 감안해 색상이나 선을 조금 강하게 메이크업한다.

또한 조명에 의해 얼굴이 평면적으로 보일 수 있으므로 명도 대비나 보색대비 등을 활용하여 '입체감'을 강조하여 메이크업을 한다. 피부는 화사하게 표현하고 펄이 들어간 제품을 사용하여 화려하게 연출할 수 있다.

장소·조명·의상 등과 조화롭게 연출하고, 모임이나 파티 메이크업으로 응용할 수 있다.

① 피부표현Base Make up

노르스름한 피부의 동양인을 화려하게 표현할 수 있는 퍼플 계열의 메이크업 베이스를 바른다. 격식 있고 깨끗한 피부 표현을 위해 커버력이 있는 크림 파운데이션을 사용하며 컨실러를 이용하여 잡티를 제거하고 한다.

핑크색이 도는 파운데이션은 피부톤이 창백하게 보일 수 있는 중년 여성을 조명 아래에서 생기 있고 아름답게 보일 수 있게 한다.

얼굴형에 따라 적절한 하이라이트와 셰이딩으로 수정 메이크업을 하면 좀 더 입체감 있는 얼굴을 연출할 수 있다.

보라 또는 핑크 파우더로 마무리하고, 광택이 있는 피니싱 파우더finishing powder로 T존 부위나 볼에 바르면 한층 더 화사하게 연출 할 수 있다.

② 눈썹Eyebrow

데이 메이크업보다 선을 약간 더 선명하게 표현한다.

③ 눈Eye

시간, 장소, 상황, 계절 및 피부색과 의복색을 고려해 선택하고 명도대비나 보색대비로 매혹적인 이미지를 줄 수 있다. 펄이 들어간 섀도를 사용하면 화려함을 더해줄 수 있다. 흰색이나 골드 펄로 눈머리 부분과 눈썹 뼈에 하이라이트를 표현할 수 있다.

겔이나 리퀴드 아이라이너로 윤곽을 그려 또렷한 눈매를 연출한다. 마스카라로 속눈썹을 풍성하게 바르고 인조 속눈썹을 붙여 주면 보다 여성적인 이미지로 표현할 수 있다.

④ 볼Cheek

피부색 또는 아이섀도 색과 어울릴 수 있도록 데이 메이크업에 비해 약간 진한 색으로 볼뼈 부위에 음영을 주어 성숙한 분위기를 연출한다.

⑤ 입술Lip

레드 계열, 핑크 계열의 색으로 아웃커브out curve의 도톰한 입술을 표현하면 보다 여성스러운 이미지로 연출할 수 있다. 펄 제품이나 립 글로스로 입술 중앙에 포인트를 주어 입체감을 살릴 수 있다.

2. 계절 메이크업Seasonal Make up

각 계절을 대표하는 연상 이미지 컬러를 활용한 계절 메이크업을 말한다. 해당 계절에 잘 어울리는 색으로 메이크업을 하므로 좀 더 활기 있고 생동감있는 이미지로 계절의 느낌을 연출할 수 있다.

(1) 봄 메이크업Spring Make up

만물이 소생하는 계절로 얼굴의 선보다는 면을 강조한 자연스러운 메이크업을 하고 산뜻하고 발랄하며 '생동감' 있는 봄 느낌으로 연출한다. 리퀴드 타입의 파운데이션으로 투명하고 촉촉한 느낌의 질감 표현을 한 후 색감이 강하지 않은 핑크, 옐로, 그린, 오렌지 등으로 봄의 부드럽고 따뜻한 분위기를 연출한다.

① 피부표현Base Make up

피부톤에 따라 메이크업 베이스 색상을 선택한다. 소량의 리퀴드 파운데이션을 얇고 투명하게 발라 내추럴한 피부를 표현하고 파우더는 유분감만을 없애는 정도로 약간만 바른다.

② 눈썹Eyebrow

브러시에 회색과 브라운을 섞어 자연스럽게 눈썹과 눈썹 사이를 메우듯 바른다.

얼굴형에 맞는 눈썹으로 자연스럽게 표현하되, 상승형 눈썹으로 활동적이며 생동감 있는 이미지로 연출할 수 있다.

③ 눈Eye

엷은 핑크와 그린, 옐로와 그린, 오렌지와 그린, 옐로와 오렌지 등으로 색상이 두드러지지 않도록 표현한다. 펜슬 타입의 아이라이너로 눈 모양에 따라 자연스럽게 그리고 검정색 마스카라를 꼼꼼히 바른다.

④ 볼Cheek

엷은 오렌지나 핑크색으로 자연스럽고 둥글게 펴 바른다.

⑤ 입술Lip

핑크나 오렌지색 등의 연하고 밝은 계열의 립스틱을 바르거나 펄이 가미된 립 글로스로 부드럽고 화사한 이미지로 표현할 수 있다.

(2) 여름 메이크업Summer Make up

습도가 높고 햇빛이 강한 계절적 특징을 가지고 있다. 건강하고 시원해 보이며 역동적인 이미지로 표현하며 땀이나 물에 화장이 쉽게 지워질 수 있는 계절이므로 피부 표현은 가볍게 한다.

방수효과water proof를 지닌 제품과 자외선 차단효과가 있는 제품을 선택한다. 눈과 입술 중의 한 곳에만 포인트를 주는 '원 포인트 메이크업one point make up'을 통하여 무겁지 않고 가볍지만 개성 있는 이미지로 연출 할 수 있다. 블루, 화이트 등 청량감을 주는 한색 계열의 컬러를 이용하여 시원하고 활동적인 이미지를 연출할 수 있다.

① 피부표현Base Make up

산뜻한 감을 주는 겔 타입이나 자외선 차단효과까지 있는 메이크업 베이스를 바른다. 리퀴드 타입의 파운데이션을 엷게 펴 바르고 투명 파우더로 마무리한다.

피부가 두꺼우면 더워 보이고, 땀이 나면 쉽게 얼룩이 생겨 지저분해지므로 주의한다.

자외선 차단효과가 있는 쿠션제품 또는 투웨이 케이크나 방수효과를 지닌 제품을 사용하는 것도 효과적이다. 햇볕에 그을린 듯 다갈색의 피부를 표현하기 위해 선탠 효과를 줄 수 있는 색의 파운데이션을 사용할 수 있다.

② 눈썹Eyebrow

너무 진하거나 두껍게 그리면 답답해 보일 수 있으므로 눈썹 정리를 깨끗하게 한 후, 얼굴형에 어울리는 눈썹 형태로 머리카락 색에 맞춰 그리되 상승형으로 경쾌하고 활동적인 느낌이 들도록 연출할 수 있다.

③ 눈Eye

선명하고 시원한 느낌이 들도록 표현한다. 블루, 페일 퍼플, 민트색 등을 흰색과 함께 사용한다. 방수 타입의 리퀴드 아이라이너와 마스카라를 사용하며 블루 또는 청보라색의 마스카라를 아이섀도 색상에 맞춰서 바르면 시원하고 청량감 있는 눈매를 연출할 수 있다.

④ 볼Cheek

오렌지색 크림 블러셔를 광대뼈 아래쪽에서 사선으로 살짝 터치해 건강한 피부를 더욱 강조한다. 더운 계절이므로 땀으로 얼룩져 보이거나 답답해 보일 수 있으므로 블러셔는 진하게 하지 않는 것이 좋다.

⑤ 입술Lip

채도가 낮은 핑크나 누드 계열의 색상으로 바르거나 선명한 빨강으로 포인트를 주어 입술을 강조할 수도 있다. 브론즈 계열 또는 살구색 립 글로스를 덧발라 촉촉한 입술로 마무리한다.

(3) 가을 메이크업Autumn Make up

온갖 곡식과 과일들이 익어 가는 풍성한 추수의 계절인 가을에 차분하면서도 매혹적인 느낌의 메이크업은 평온함과 깊이 있는 여유로움을 표현한다. 가을 이미지를 표현하기 위해 브라운 톤, 카키, 다크 옐로, 다크 오렌지, 골드, 와인색 등을 활용한다.

봄과 여름 메이크업에 비해 입체감을 주면서 라인을 강조하는 '격식을 갖춘 메이크업' 패턴으로 깊이 있는 눈매와 부드러우면서도 깊이 있는 분위기를 연출한다면 가을을 한층 매력적으로 연출할 수 있을 것이다.

① 피부표현Base Make up

여름 내내 피부가 지쳐 있었던 데다 일교차가 크기 때문에 파운데이션을 바르기 전에 충분한 피부 보습을 주는 것이 필수적이다. 피부를 촉촉하고 화사하게 표현하기 위해 메이크업 베이스로 피부색을 보정한 후 컨실러로 피부의 결점을 커버한다. 찬바람이 불기 시작하는 시기이므로 유분과 수분이 적당량 배합된 크림 타입의 파운데이션 중 차분한 느낌이 드는 베이지 계열로 바른다. 하이라이트와 셰이딩으로 입체감을 표현한 후 베이지 계열의 파우더로 마무리한다.

② 눈썹Eyebrow

눈썹은 자연스럽게 그려 주되, 기본형보다 좀 길게 그려 여유로운 이미지를 강조한다. 앞쪽은 라이트 브라운을 이용하고 뒤쪽은 다크 브라운으로 음영감을 준다. 브라운 펜슬로 그린 후에 아이섀도를 그 위에 부드럽게 덧바른다.

③ 눈Eye

베이지 색, 중간 톤의 브라운 색 등으로 펴 바르고 다크 브라운으로 포인트를 준다. 눈썹뼈 아래에는 아이보리 또는 골드 펄 섀도로 하이라이트를 표현한다. 검정이나 다크브라운의 젤 또는 리퀴드 아이라이너를 이용해 가늘고 길게 그리고 마스카라와 인조 속눈썹을 사용해 길고 풍성한 눈매를 연출한다.

④ 볼Cheek

오렌지 브라운 톤으로 볼뼈를 감싸듯이 부드럽게 펴 발라 은은하고 입체감 있는 이미지를 표현한다.

⑤ 입술Lip

입술라인을 깨끗하게 정돈하고 오렌지 브라운, 다크 레드로 볼륨감 있게 표현한다.

(4) 겨울 메이크업Winter Make up

가장 춥고 눈이 많이 내리는 계절이다. 겨울 피부는 건조함과 낮은 기온 등으로 쉽게 거칠어지고 피로해지므로 충분히 수분을 공급한 후 메이크업을 하도록 한다.

의복색이 어둡고 직물이 두꺼우므로 피부 메이크업은 밝고 깨끗하게 표현한다. 추운 겨울의 날씨와 대조적으로 난색을 사용해 따뜻하고 여성적으로 표현하거나 크리스마스를 연상케 하는 화이트나 레드 등 선명한 색상으로 화사하게 표현하여 강렬한 인상을 줄 수도 있다.

겨울은 화려하고 여성적인 매력을 표현하기 적당한 계절이므로 전체적으로 깨끗하고 화사해 보이도록 표현한다. 메이크업의 강도가 가장 높은 계절로 입체감을 중시하며 선을 강조한다. 다크 브라운, 와인, 레드, 화이트 등이 대표적인 컬러이다. 밝고 깨끗한 피부에 눈화장은 화이트 펄 아이섀도로, 입술은 고채도의 레드로 표현할 수 있다.

① 피부표현Base Make up

계절적으로 수분이 부족하고 건조하므로 베이스는 유·수분을 함유하고 있는 크림 타입이 적당하며, 화사한 분위기를 위해 보라색 메이크업 베이스를 선택하고 컨실러를 이용해 깨끗하게 커버한다. 하이라이트와 셰이딩으로 얼굴 윤곽에 입체감을 표현한다. 피부가 건조해질 염려가 있기 때문에 파우더는 너무 많은 양을 사용하지 않는다. 투명 파우더나 핑크 파우더로 유분기만을 제거하여 전체적으로 밝은 느낌이 들도록 한다.

② 눈썹Eyebrow

브라운 펜슬로 두껍고 강하게 그려 눈썹 선을 강조한다. 섀도를 덧발라 자연스럽게 표현한다.

③ 눈Eye

따뜻한 느낌이 들도록 골드 브라운, 로즈 등 난색계열의 색상을 이용하여 펴 바른다. 눈두덩 중앙과 끝 부분은 오렌지 브라운 계열로 자연스레 펴 바르고 와인 컬러 등으로 포인트를 준다.

눈머리에 실버 화이트 펄 아이섀도를 발라 눈매와 눈빛에 생기를 주면서 시원하고 큰 눈망울을 표현할 수 있다. 검정 아이라이너를 굵게 그리고 검정 마스카라나 인조 속눈썹을 이용하여 길고 풍성한 눈썹으로 표현한다.

④ 볼Cheek

따뜻하고 부드러운 느낌을 주기 위해 오렌지 브라운 톤으로 볼 부분을 감싸듯이 부드럽게 바른다.

⑤ 입술Lip

입술은 특히 건조해지거나 거칠어지기 쉬우므로 촉촉함을 유지하는 데 유의해야 하며, 레드나 와인 계열의 색상 위에 립글로스를 덧발라서 따뜻함과 화려함 그리고 볼륨감을 표현하여 입술을 강조한다. 입술형태는 단정하고 정돈된 겨울이미지를 표현하기 위해 스트레이트형으로 그린다.

3. 남성 메이크업Male Make up

남성도 여성과 마찬가지로 얼굴 관리가 필요하다. 자신의 피부관리뿐만 아니라 사회적 활동에서의 대인관계를 위해서 자신을 가꾸고 손질하는 것이 필수적이다.

실제로 남성들은 여성처럼 적극적으로 화장에 관심을 갖지는 않지만 결혼식의 신랑 메이크업이나 포토 메이크업뿐만 아니라 일상에서 남성의 메이크업은 이미 보편화되어 있으며, 이제는 메이크업이 여성의 전유물이 아니라 남성 자신을 표현하기 위한 하나의 수단으로 활용되고 있다.

남성 피부는 남성 호르몬인 '테스토스테론testosterone'의 영향 등으로 인해 일반적으로 여성에 비해 피지 분비가 많아 대부분 지성이지만 건성 피부도 많다.

남성의 피부는 여성에 비해 피지량이 많은 반면, 수분 함량이 적기 때문에 충분한 수분의 공급과 피지 분비의 조절이 필요하다.

남성의 피부를 연령별로 보면 30대 이후에 피지량의 감소와 더불어 수분손실 현상이 크게 두드러져 피부노화가 가속화되기 쉽다. 그러나 40대 이상의 중년층에는 피지량의 발생과 수분손실 정도가 거의 일정하여 큰 변화가 없다. 그 대신 잦은 면도로 인한 자극이나 건조 등에 세심한 주의를 기울여야 한다.

남성 메이크업의 포인트는 색감을 느끼지 않게 하며 부드러운 컬러 감보다는 자연스럽게 깨끗함을 표현하고 복잡한 색조 메이크업은 하지 않는 것이 좋다.

① 피부표현Base Make up

본인의 피부색과 최대한 비슷하거나 한 톤 어두운 파운데이션을 사용하며 자연스러운 표현을 위해 무스 타입이나 리퀴드 타입을 사용한다.

② 눈썹Eyebrow

눈썹은 자연 그대로의 눈썹결을 살려 두는 것이 좋다. 베이스 메이크업 시 눈썹 주위에 파우더를 털어 내고 수정이 필요한 경우에는 아이브로 펜슬로 가볍게 빈 곳을 메워 준다.

③ 눈Eye

대체로 붉은 기가 없는 갈색 계열로 노즈 섀도와 아이섀도를 자연스럽게 연결시킨다. 눈 꼬리에 회색이나 갈색 섀도를 사용하여 눈매를 살린다.

언더라인의 경우 갈색 펜슬을 사용하여 그리고 면봉이나 작은 브러시로 자연스럽게 그라데이션한다.

④ 볼Cheek

갈색 계열의 치크로 광대뼈 밑, 턱, 양쪽 이마 끝에 자연스럽게 펴 바른다.

⑤ 입술Lip

입술에 묻은 파운데이션을 닦아 내고, 본인의 입술색이 자연스럽게 나타나게 하거나, 희미한 입술은 연한 브라운으로 가볍게 바른다.

4. 연령별 메이크업Age-specific Make up

연령에 따라 생리 해부학적으로 다른 특성을 가지고 있으므로 결체조직의 상태에 따른 주름, 유·수분, 근육 형태의 변화에 따른 얼굴 형태의 변화, 잡티나 기미 등 여러 가지 특성에 따른 차이가 나타난다. 따라서 메이크업도 이에 따라 각기 연령에 따른 특성을 파악하여 진행되어야 할 것이다.

(1) 10대의 메이크업10's Make up

자연 그대로의 얼굴이 더 예뻐 보이는 시기로 화장을 안 해도 귀엽고 청순해 보인다. 화장을 하더라도 안한 듯 자연스럽게 하는 것이 포인트이다. 지나친 화장은 앳된 얼굴과 어울리지 않는다.

① 피부표현Base Make up

'투명한 겔 타입의 메이크업 베이스를 골고루 발라 준 후, 투명 파우더로 마무리한다. 여드름이 난 피부일 경우 녹색 메이크업 베이스와 피부색에 맞는 리퀴드 파운데이션을 가볍게 바른 다음, 투명 파우더로 마무리한다.

② 눈썹Eyebrow

눈썹을 그리기보다는 깔끔하게 정리만 해 주어도 된다. 눈두덩 쪽으로 처진 눈썹을 정리해 준 후 투명 마스카라로 살짝 덧바른다. 눈썹 숱이 너무 적은 경우 브라운 섀도로 가볍게 그린다.

③ 눈Eye

화이트 섀도나 파스텔 톤으로 눈두덩에 넓게 그라데이션 한다. 아이라인은 생략하고, 속눈썹을 바짝 올려 준 후에 마스카라를 칠해 속눈썹을 강조한다.

④ 볼Cheek

살구 빛으로 볼 중앙에 둥글게 귀여운 느낌으로 부드럽게 펴 바른다.

⑤ 입술Lip

핑크색 계열 또는 투명 립글로스를 바른다.

(2) 20대의 메이크업20's Make up

20대는 아름다움이 절정을 이루는 시기이다. 피부 상태 역시 적당한 유·수분 밸런스로 인해 촉촉하고 매끄럽다. 또한 20대의 피부와 인상은 젊고 깨끗하기 때문에, 여러 패턴의 메이크업도 무난히 소화해 낼수 있다.

유행이나 계절, 의상색 등을 고려하여 색상을 선택하며, 자연스럽게 표현하는 식의 메이크업을 한다. 또한 눈 화장을 짙게 하면 입술은 은은하게 하고 입술을 강조했을 경우는 눈 화장을 자연스럽게 표현해 주는 '원 포인트 메이크업'으로 간결하면서도 생동감이 넘쳐 보이도록 한다.

① 피부표현Base Make up

리퀴드 타입으로 가볍게 발라 주고 결점이 있는 부분은 커버 스틱이나 컨실러를 사용하여 잡티를 커버하면서 투명한 피부 표현을 할 수 있다. 20대의 건강한 피부를 최대한 살리기 위해 최소량의 파운데이션을 바르는 것이 피부 표현의 중요한 요건이며, 포인트라고 할 수 있다.

② 눈썹Eyebrow

눈썹 결을 살려서 자연스럽고 깨끗하게 그려 주고, 눈썹색은 머리카락의 색상에 맞춘다. 너무 강하게 그리거나 인위적으로 느껴지면 나이가 들어 보이므로 주의해야 한다.

③ 눈Eye

아이섀도는 의상색, 계절, 유행색, 선호색 등을 고려하여 선택한다. 20대의 젊음과 생동감을 살릴수 있는 파스텔 색상을 이용하며, 파우더 타입의 펄 섀도를 언더라인까지 발라 밝게 표현한다. 언더 점막 부분에 화이트 펜슬로 그려 보다 맑고 시원한 눈매를 표현하며 마스카라를 사용하여 여성스럽고 풍성한 눈매를 연출한다.

④ 볼Cheek

볼 터치는 아이섀도 색상과 어울리는 색을 선택하고 한 톤 낮춰서 부드럽게 펴 바른다. 귀쪽에서부터, 사선 형태로 바르면 성숙한 느낌이 들고 뺨 위에 연 핑크로 둥글게 표현하면 귀여운 느낌이 표현된다.

⑤ 입술Lip

섀도와 의상 색상을 고려해서 립 컬러를 선택하고, 입술 라인을 강조하지 않는다. 즉, 립스틱 소량과 립 글로스를 이용하여 자연스럽게 표현을 한다.

(3) 30대의 메이크업30's Make up

30대에는 자기 개성을 살릴 수 있는 성숙함이 묻어 있기 때문에 본인의 스타일을 찾아서 매력 있게 연출한다. 결점을 커버하기 위해 진한 화장을 하게 되면 더욱 나이가 들어 보이게 되며, 원 포인트 메이크업을 하여 멋스럽고 깔끔한 표현을 한다.

① 피부표현Base Make up

20대에 비해 기초 화장 시 충분한 시간을 주어 영양분을 흡수시킨다. 퍼플 계열의 메이크업 베이스를 사용하면 좀 더 생기 있고 화사해 보인다.

리퀴드 파운데이션은 유분기가 있으면서 피부 톤에 맞는 제품을 사용한다. 파우더는 뽀송뽀송한 느낌보다는 조금 촉촉한 느낌이 들도록 한다. 트윈 케이크는 피부 톤이 두꺼워 보이고 무거워 보일 수 있으므로 피한다.

② 눈썹Eyebrow

지저분하고 정리되지 않은 눈썹은 더 나이 들어 보이므로 단정하게 정리하고 흑갈색 펜슬로 진하지 않게 자연스럽게 그린다. 눈썹을 손질할 때도 너무 얇게 손질하거나 눈썹 끝을 자르는 것보다는 자신의 얼굴형에 맞게 그려 주는 것이 좋다.

③ 눈Eye

아이섀도는 자연스럽고 부드러운 색상을 선택하는 것이 좋다. 먼저 아이보리나 화이트색으로 펴 발라 주고, 포인트 컬러는 골드 컬러 섀도를 발라 주고 다크 브라운 펜슬로 아이라인을 그려 준 다음, 펜슬라인 위에 브라운 섀도를 펴 발라 정리한다.

섀도 소량을 언더라인까지 연결하여 바른다. 속눈썹을 올려 준 후 마스카라를 발라 깊고 아름다운 눈매를 자연스럽게 연출한다.

④ 볼Cheek

섀도나 입술 색상에 맞추어 은은하게 광대뼈를 감싸듯이 부드럽게 펴 바른다.

⑤ 입술Lip

립 펜슬이나 브러시를 이용하여 입술 라인을 깨끗하게 정리하여 그린 후 같은 색의 립스틱으로 깨끗하게 전체적으로 바른다. 부드러운 중간 톤의 립스틱으로 발라주면 좋다.

(4) 40대의 메이크업40's Make up

중년의 아름다움이 풍기고 멋스러움이 베어나는 연령대가 40대이며 이 나이의 여성은 일반적으로 수분 위주의 화장품을 사용하면 더욱 좋다.

피부는 점차 탄력을 잃어 가고 유·수분이 줄어들어 건조하고 주름이 가므로 화장 전에 수분 스프레이를 이용하여 얼굴에 수분을 촉촉하게 보충한 다음 충분히 스며들고 나서 화장을 하도록 하고 화장 후 건조함을 느낄 때, 수분 스프레이로 건조함을 막아 주도록 한다.

눈 화장보다는 피부와 입술을 강조한다. 눈 주변의 노화가 먼저 오기 때문에 눈 화장을 강조하는 것보다 입술을 강조하는 것이 젊고 세련되어 보인다.

① 피부표현Base Make up

피부 표현을 할 때는 크림 파운데이션으로 조금씩 덧발라 주어야 뭉치지 않고 곱게 발라진다. 한꺼번에 많이 묻혀 바르게 되면 화장이 뜨거나 뭉치고 주름 사이에 파고들어가 더욱 역효과가 난다. 피부색보다 한 단계 어두운 파운데이션으로 광대뼈나 턱 등 얼굴에 있어서 튀어 나온 부분에 펴 발라 그라데이션 하고, 반대로 눈 밑, 관자놀이, 코선 등 어둡게 들어간 부분은 피부톤보다 한 톤 밝은색으로 발라 나와 보이는 효과를 얻는다.

② 눈썹Eyebrow

눈썹은 얼굴의 인상을 고려하여, 얼굴이 각지고 차가운 인상이거나 왜소하면 아치형 형태의 브라운 계열로 자연스럽게 그려 주고, 반대로 얼굴에 살이 많으면 각진형으로 처지지 않게 그려 주는 것이 중요하다.

눈썹이 진하면 얼굴의 인상이 강해 보이므로 회색과 밤색을 적절히 사용하여 가볍게 그린다.

③ 눈Eye

아이섀도는 여러 가지 겹쳐 두껍게 바르면 눈이 더욱 더 주름져 보이므로 가볍게 바른다. 파스텔 계열의 색조를 선택해서 아이 홀 부분을 펴 바른다.

펄이 들어 있는 색상을 바르면 눈 주변의 주름이 더 두드러져 보이므로 주의한다. 그리고 눈썹 뼈 부분은 흰색 섀도를 발라 주면 눈썹도 깔끔해 보이고 산뜻해 보인다.

④ 볼Cheek

블러셔는 아이섀도 색상과 유사한 색상으로 선택하되, 은은하게 귀 뒤쪽에서 부터 코끝과 입술 사이를 향해 타원형으로 칠해 주면 은은함과 화사함을 느낄 수 있다.

⑤ 입술Lip

섀도와 의상 색상을 고려해서 립 컬러를 선택하고, 입술 라인을 강조하지 않고 립스틱 소량과 립 글로스를 이용하여 자연스럽게 표현을 한다.

(5) 50대의 메이크업50's Make up

50대는 본격적인 노화가 시작되는 나이로 건성 피부는 잔주름이 많아지고, 지성 피부는 살이 처지게 되므로 각 피부 타입에 맞는 스킨케어로 탄력 있는 피부를 가꾸도록 한다.

이때는 화장도 중요하지만 촉촉하고 윤기 있는 피부관리에 더욱 신경을 써야 한다. 그리고 외출 시에는 자외선으로부터 피부를 보호해야 노화를 막을 수 있으므로 꼭 자외선 차단을 위한 메이크업을 해 주도록 한다.

① 피부표현Base Make up

피부 표현은 유·수분이 있는 크림 파운데이션으로 화사하게 표현한다. 나이가 들어 가면서 윤기가 없고 안색이 좋지 않기 때문에 핑크 계열 파운데이션으로 화사하게 표현한다.

파우더는 파운데이션의 유분기를 제거하고 몇 분 후면 전체에 유분기가 다시 돌아 밸런스가 유지되므로 적당량의 파우더는 베이스 메이크업을 할 때 사용하여야 한다. 그리고 파우더를 사용하지 않으면 공기 중에 먼지나 오염이 얼굴에 묻어 오히려 피부보호 차원에서 효과가 떨어지며 베이스 메이크업이 쉽게 얼룩이 질 수 있으므로 주의하여야 한다.

② 눈썹Eyebrow

눈썹은 처지지 않게 그리는 것이 중요하다. 눈꼬리나 얼굴 전체 인상이 커져 나이가 들어 보이고 우울해 보일 수 있으므로, 회색과 브라운색을 섞어 상승형의 느낌으로 그린다.

③ 눈Eye

아이섀도는 두껍지 않게 가볍게 펴 바르며, 파스텔 계열의 색조를 선택해서 아이 홀 부분을 펴 바른다. 펄이 들어 있는 색상을 바르면 눈 주변의 주름이 더 두드러져 보이므로 주의한다. 그리고 눈썹 뼈 부분은 흰색 섀도를 발라 깔끔하고 산뜻하게 표현한다.

④ 볼Cheek

블러셔는 연 오렌지색이나 살구색으로 얼굴 형태에 맞춰 둥글게 하거나 길게 칠해 주어 혈색과 생동감을 부여한다.

⑤ 입술Lip

입술은 브라운으로 윤곽을 그린 후 와인이나 오렌지와 브라운을 섞어서 자연스럽게 바른다.

5. 한복 메이크업Korean Traditional Clothes Make up

한복은 일반 의상과는 달리 화려하면서도 절제된 아름다움이 느껴지는 의상으로 고전적인 단아함과 우아함을 지니고 있다. 그렇기 때문에 한복을 입을 때 메이크업은 밝고 화사할 뿐만 아니라 고전적인 단아함을 위해 최대한 절제하면서도 우아함을 자연스럽게 연출해야 한다.

특히 한복 색상이 우리나라 고유의 색상인 청, 홍, 백, 적, 흑으로 대부분 이루어져 있기 때문에 메이크업 색상은 너무 강하거나 튀는 톤, 비비드한 색상은 피하는 것이 좋다.

아이섀도나 립스틱 등의 색조 화장은 저고리의 색에 기준을 두고 선택하는 것이 가장 무난하지만, 만일 적합하지 않을 경우 한복의 치마색과 비슷한 컬러를 선택할 수도 있다. 펄이 많이 들어간 화장품이나 립 글로스의 과도한 사용은 피하는 게 좋고 얼굴의 피부 표현은 밝고 화사하게 해 주어야 한다.

가장 중요한 원칙은 한복의 색상, 특히 저고리 색상이 원색이거나 화사한 색상일 경우에는 눈 화장의 색상은 자연스럽게 표현하고, 입술의 윤곽선과 색감 표현을 깔끔하면서도 강한 색으로 포인트를 줌으로써 절제된 한복의 매력을 더할 수 있다.

(1) 화려한 원색 계열의 한복

① 피부표현Base Make up

한복을 입을 때 피부를 어둡게 표현하면 한복의 우아하고 고운 색감이 제대로 살아나지 않으므로 보정 효과가 뛰어난 메이크업 베이스를 얼굴 전체에 고르게 펴 발라 주며 자신의 피부 톤보다 한 단계 밝게 표현한다.

한복은 목선이 드러나는 의상이므로 목과의 경계가 생기지 않도록 여분의 파운데이션으로 그라데이션해 준 다음, 피부 톤에 맞는 파운데이션을 선택해 고르게 바른다.

화사한 핑크빛이나 베이지 계열의 크림 또는 리퀴드 타입의 파운데이션이 효과적이다.

② 눈썹Eyebrow

현대 의상의 경우보다 약간은 가늘고 길게 그려 주되, 섀도 타입으로 빈 곳을 메꾸 듯이 부드러운 표준형으로 그려 주어도 좋다.

③ 눈Eye

저고리의 주된 색상 중, 특히 깃이나 고름의 색과 맞추어 발라 주고, 되도록 과도한 색의 사용은 피하여 부드럽고 자연스럽게 표현하여 눈에 강한 포인트를 주지 않도록 한다. 아이라인은 겔이나 리퀴드를 이용해 눈의 윤곽을 또렷하게 살려 주고 마스카라로 위아래 속눈썹을 풍성하게 보이도록 한다.

④ 볼Cheek

볼 화장은 너무 두드러지지 않게 모카핑크 계열 색으로 관자놀이 아래에서 입술 끝을 향해 자연스럽게 그라데이션 한다.

T존이나 광대뼈 언저리에 화이트로 하이라이트 처리를 해 주어 화사함을 강조한다.

⑤ 입술Lip

한복 메이크업의 포인트인 입술 화장은 얼굴 전체의 이미지를 좌우하므로 통일감 있도록 표현하며 화사하면서도 단아한 레드 계열의 컬러를 선택한다.

깔끔하고 선명한 곡선 형태의 입술 라인을 그려 주고, 같은 계열의 색으로 안쪽을 메워 주듯이 또렷하게 표현한다. 더욱 여성스럽게 보이도록 펄이나 립 글로스를 이용하여 하이라이트를 주는 것도 효과적이다. 이 때, 글로스를 너무 많이 사용하면 단아한 이미지가 사라지기 때문에 촉촉함을 주는 정도로 마무리한다.

(2) 부드럽고 은은한 파스텔 계열의 한복

원색 계열의 한복의 경우보다 더 자연스럽고 부드러운 분위기를 표현하기 위해 색조화장의 경우도 같은 파스텔 계열의 색상이나 펄이 함유된 제품을 사용하고 색보다는 피부 질감을 강조하여 눈 화장과 입술을 표현한다.

① 피부표현Base Make up

보정 효과가 뛰어난 메이크업 베이스를 얼굴 전체에 고르게 펴 발라 준 후 자신의 피부 톤보다 한 단계 밝게 표현한다.

차분한 베이지 계열의 크림 타입 파운데이션을 발라준 후, 베이지 계열의 파우더로 마무리한다.

② 눈썹Eyebrow

우아하고 단아한 아름다움을 표현해야 하므로 너무 진하거나 강한 색상은 피한다. 눈썹은 부드러운 곡선형으로 그려 여성스러움을 강조하고, 머리카락의 색보다 강하지 않게 다크 브라운 계열의 아이섀도를 적절하게 섞어 자연스럽게 그린다.

③ 눈Eye

아이섀도는 한복의 옷고름이나 저고리의 색상에 맞춰야 하는데, 한복 색이 파스텔 톤일 경우에는 같은 색으로 펴 발라 주고 강조되는 색으로 포인트를 준다.

아이라인은 겔 또는 리퀴드 라이너를 이용해 눈의 윤곽을 또렷하게 살려 주고 마스카라로 위아래 속눈썹을 풍성하게 보이도록 발라 주면 깊이감이 더해진다.

한복이 가지고 있는 컬러감이 강하기 때문에 눈 화장은 최대한 자연스럽게 표현한다.

④ 볼Cheek

차분하고 우아한 느낌으로 표현해야 하므로 엷은 핑크나 산호 브라운 색으로 부드럽게 펴 바른다. 전체적으로 튀는 부분이 없는지 다시 한 번 꼼꼼히 체크 한 후 자연스럽고 우아한 이미지로 마무리한다.

⑤ 입술Lip

전체적으로 산호색이나 펄이 가미된 핑크색 등으로 부드럽게 펴 바른다.

6. 웨딩 메이크업Wedding Make up

일생에 있어서 가장 아름답고 행복한 결혼식 당일의 신부화장은 화사하고 건강해 보이면서도 신부에게 어울리는 컬러와 이미지로 메이크업해야 한다.

1. 예식장소에 따른 메이크업

(1) 실내 결혼식장

결혼식장에서의 본식과 폐백 및 사진 촬영 등 장시간의 일정이 이어지는 날이므로 무엇보다 화사하고 건강한 피부 표현과 메이크업의 지속력·밀착감이 중요하다.

색조 메이크업 주요색상을 결정할 때는 신부의 이미지, 계절, 피부 톤과 웨딩드레스의 색 등을 먼저 고려해야 하며, 신부의 헤어스타일, 신랑과의 연령차, 예식 장소 등도 고려해 최대한 신랑과 어울리는 신부 이미지를 연출하도록 해야 한다.

신부의 깨끗하고 정결한 이미지의 표현을 위하여 너무 강한 색의 눈 화장이나 과도한 얼굴의 윤곽수정은 가급적 피한다. 메이크업 베이스는 화사한 느낌을 위해 핑크나 퍼플색을 발라 주되, 많이 발라지지 않도록 주의한다.

웨딩드레스를 입었을 경우 목과의 경계선, 팔, 가슴 부위의 톤 차가 느껴지지 않도록 파운데이션을 고르게 발라 주고 오랜 시간 지속력을 높이기 위해 패팅 기법으로 세심히 두드린다.

잡티나 기미 등의 피부 결점은 컨실러를 이용해 완벽히 수정해 주어야 한다. 눈썹의 경우, 신부의 얼굴형에 맞고 얼굴형을 보완해 줄 수 있는 형태로 그려주되, 너무 산을 높이 올린다든지 각이 많이 진 눈썹, 너무 진한 눈썹이 되지 않도록 주의한다. 눈썹 정리는 최대한 깔끔하게 미리 정리해 둔다.

과거와는 달리 요즘 신부 화장의 경향은 그리 화려하거나 인위적이지 않고 자연스러운 색조 화장을 하면서 피부 질감의 화사함과 깨끗함을 강조하는 메이크업을 하고 있으므로 패턴은 뷰티 트렌드 메이크업과 크게 다르지 않고 피부 톤 표현을 좀 더 밝고 화사하게 표현한다는 점이 특징이다.

① 호텔

넓고 화려한 인테리어가 특징인 호텔에서는 눈부신 조명을 고려해 여성스럽고 우아하고 자연스러우면서 화사한 분위기로 연출하고, 장소가 넓은 경우에는 이목구비가 확실히 보이도록 음영을 넣어 윤곽을 뚜렷하게 강조하여 표현한다.

여성스럽고 화사한 색상을 사용하고 피부 표현과 아이섀도 색상은 약간의 펄감이 있는 제품을 사용하는 편이 잘 어울린다.

예식장이나 성당보다 화사하고 밝은 색조 화장이 호텔 예식에 잘 어울린다.

② 예식장

가장 일반적인 결혼식 장소로, 노란기가 많은 샹들리에와 할로겐을 사용하여 분위기가 아주 밝은 편이므로 피부는 자신의 스킨 톤보다 약간 더 밝은 파운데이션을 선택해 자연스럽고 밀착감 있게 바른다.

화사한 핑크 계열의 메이크업 베이스와 파운데이션을 섞어 바르면 좋고 약간 붉은 기를 더해 주면 밝고 화사해 보이는 효과를 줄 수 있다.

③ 성당 혹은 교회

일반적으로 교회나 성당은 어두운 조명이 특징이라 할 수 있다. 따라서 신부의 이미지는 밝고 화사하게 연출하는 것이 좋으나 전체적으로 경건하고 웅장한 분위기이므로 너무 튀는 메이크업을 하기보다는, 단정하고 우아한 이미지로 연출한다.

피부는 자신의 피부 톤보다 한 단계 밝게 표현하고, 음영을 넣어 윤곽을 뚜렷하게 강조한다.

(2) 야외 결혼식장

화려한 조명은 없지만 강렬한 태양 빛으로 밝은 야외 결혼식장에서 피부는 자신의 피부 톤보다 한 톤 정도 어둡게 표현하는 것이 좋으며, 넓은 공간에서 예식이 이루어지므로 얼굴이 선명하게 보이도록 음영을 넣어 볼륨감을 준다.

야외에서 예식을 진행할 경우에는 너무 밝은 스킨 톤은 자칫 화장이 들떠 보이거나 부자연스러울 우려가 있으므로 너무 과도한 펄감이 있는 화장법과 과한 색조 사용은 자제하도록 한다.

인공조명이 아닌 햇빛이라는 자연광에서 사진 촬영을 위한 메이크업을 해야 한다. 따라서 너무 강한 셰이딩이나 하이라이팅 등의 윤곽 수정은 야외에서 부자연스럽고 인위적으로 보이므로 주의하고 특히 붉은 계열의 볼 화장은 피하도록 한다.

피부 표현은 밝게 하되 너무 창백해 보이지 않도록 하고 장시간 야외에서의 촬영 작업으로 인해 화장이 들뜨거나 뭉칠 수 있으므로 티슈와 수분 공급 스프레이, 라텍스 스펀지 등을 이용하여 파운데이션 수정 작업을 할 수 있도록 준비한다.

일광 반사판의 조명이 비추게 되므로 너무 흐릿한 색조 화장보다는 핑크나 오렌지 계열의 아이섀도를 바르고 립스틱은 선명하고 깔끔한 색으로 표현하여 입술 화장을 한다. 블루나 그린 계열의 아이섀도는 야외 촬영장에서 특히 돋보이는 색이다.

만일 초록빛의 공원에서 촬영할 경우에는 붉은 계열의 립스틱이 화사해 보이고 보색대비로 인해 훨씬 선명하고 깔끔해 보인다. 신랑과의 피부 톤 차가 너무 심하게 날 수 있으므로 신부의 피부 톤 색상 선택에 주의한다.

2. 신부 이미지에 따른 메이크업

(1) 로맨틱 이미지Romantic image

① 피부표현Base Make up

피부가 좋은 신부의 경우 본인의 자연스런 피부톤을 최대한 살려주고, 밝은 베이지나 핑크 계열의 크림 파운데이션을 이용하여 파운데이션을 너무 두껍게 바르지 않도록 한다.

② 눈썹Eyebrow

눈썹은 잘 정리하고 빗질한 다음 자연스러운 기본 형태로 그린다.

③ 눈Eye

라이트 베이지나 핑크 계열로 피부를 표현해 주고, 아이섀도는 핑크 계열로 자연스럽게 그라데이션 시켜 준 다음 포인트 색상으로 엷은 바이올렛 컬러를 바른다. 눈머리 앞 부위에는 엷은 옐로 골드로 눈매에 생기를 주기도 한다.

인조 속눈썹을 뒷부분에 절반만 붙이거나 길이가 짧은 낱개형의 속눈썹을 붙인 다음, 펜슬이나 리퀴드 타입으로 아이라인을 그린다. 눈동자 가운데 부위와 눈썹뼈 돌출 부위에는 약간의 펄 화이트로 하이라이트를 표현할 수 있다.

④ **볼**Cheek

옅은 핑크나 살구빛 계열의 크림 타입 치크 제품을 약간 둥근 느낌으로 펴 발라 볼 위에 혈색을 표현한다.

⑤ **입술**Lip

립 라인은 윤곽을 너무 강조하지 않고 연한 핑크빛 계열의 립스틱을 바른 후, 립 글로스를 덧발라 신선미와 화사함을 표현한다.

(2) 클래식 이미지Classic image

① **피부표현**Base Make up

밝은 베이지 계열의 크림 파운데이션을 세심히 펴 바르고 밝은 톤의 컨실러를 T존과 눈 아래에 바른 다음에 파우더를 덧바른다.

② **눈썹**Eyebrow

눈썹은 잘 정리하고 빗질한 다음 자연스러운 기본 형태로 그린다.

③ **눈**Eye

너무 화려하거나 튀는 컬러는 피하고 자연스럽고 차분하면서도 너무 가라앉지 않은 색상을 선택하도록 한다. 아이섀도 베이스 컬러는 베이지 계열로 펴 준 다음, 오렌지나 브라운 등으로 단계별로 그라데이션 하고, 약간의 골드 펄로 생동감을 표현할 수 있다.

좀 더 화사하면서도 우아한 이미지를 주기 위해서 엷은 핑크와 와인 컬러를 혼합해 그라데이션 한 다음 아이보리 베이지 색으로 하이라이트를 줄 수 있다. 아이라인도 너무 샤프한 느낌의 액상 타입보다는 섀도나 펜슬로 자연스럽게 신부의 눈매를 보완할 수 있는 형태로 그린다.

④ 볼Cheek

엷은 오렌지나 핑크 계열의 블러셔를 이용해, 짧은 사선 느낌으로 펴 바른다.

⑤ 입술Lip

오렌지, 레드 계열의 립스틱이나 브라운 계열로 립 라인을 깨끗하게 살려 칠해 주고 화려한 느낌을 주고 싶을 때에는 립 하이라이팅으로 골드 펄을 약간만 가미한다.

(3) 큐트한 이미지Cute image

① 피부표현Base Make up

퍼플, 또는 핑크빛의 베이스를 바른 후 약간의 핑크빛이 도는 파운데이션이나 밝은 베이지 계열의 파운데이션을 발라준 후, 핑크빛 파우더로 마무리한다.

② 눈썹Eyebrow

눈썹은 다소 짧은 듯하게 정리해 준 다음 특히 눈썹 꼬리 길이는 일반형 눈썹보다 짧게 그려 주어야 귀여운 이미지를 연출할 수 있다.

③ 눈Eye

화이트 펄 아이섀도에 엷은 핑크색 아이섀도를 덧바른다. 엷은 오렌지와 파스텔 컬러는 귀여운 신부의 이미지에 특히 잘 어울리지만 신부의 얼굴 이미지와 눈매, 눈두덩이의 특성에 따라 선택에 신중을 기해야 한다.

아이 홀 기법을 사용해 홀 안쪽에 화이트 펄 섀도를 칠하거나 눈썹 뼈 돌출 부위에 펄 베이지를 바를 수도 있으나, 과도한 양의 펄 타입 섀도는 신부의 얼굴이 퍼져 보이거나 사진 촬영 시 조명 빛이 반사될 수 있으므로 주의해서 사용한다. 아이라인은 신부의 눈매를 고려해 깔끔하게 그려 준 후 눈 아래에 화이트 펄 섀도를 약간만 발라 신부의 화사함을 살린다.

④ 볼Cheek

핑크빛으로 화사하게 펴 발라 준 후 펄이 소량 함유된 루즈파우더로 하이라이팅하여 마무리한다.

⑤ 입술Lip

너무 얇은 입술의 경우에는 립 펜슬로 윤곽을 좀 더 살려 그려 준 후, 펄이 함유된 핑크나 살구색 계열의 립스틱을 바른다. 신부의 입술 형태와 볼륨감이 충분한 경우에는 엷은 색의 파스텔 핑크 립글로스만 발라도 된다.

립스틱의 색은 너무 흐리거나 엷은 색보다 색감이 잘 표현되는 제품이 훨씬 깔끔한 느낌을 살려주고 얼굴의 윤곽을 살려줄 수 있다.

3. 신랑 메이크업Bridegroom Make up

(1) 신랑 메이크업

신랑 메이크업에 있어서 가장 중요한 것은 자연스러운 피부색의 보정에 있다. 신랑의 피부 색상과 타입에 따라서 기본 색상을 결정하여 아주 자연스러운 느낌으로 표현하는 것이 중요하나 어느 정도는 잡티를 가려주어야 한다.

메이크업을 과도하게 할 경우, 자칫 부담스럽게 역효과가 나타날 수 있으므로 파운데이션의 양은 최대한 적게 사용하고 가급적 소량의 파우더로 마무리한다.

① 피부표현Base Make up

파운데이션만으로 무리하게 피부 톤을 맞추려 하지 않고, 메이크업 베이스로 어느 정도 피부 톤을 보정해야 한다. 지성피부인 경우 스킨으로 피부 결을 한 번 정리하고 메이크업 베이스 타입의 파운데이션을 최대한 얇게 바른다. 신부와의 피부 톤 차를 고려해 약간 밝게 해주되 너무 밝은 색 파운데이션은 사용하지 않는다.

파우더는 차분한 색상으로 유분기를 제거하는 정도로 아주 소량 사용한다. 퍼프에 파우더가 많이 묻었으면 적당량을 털어 내야만 들떠 보이는 느낌이 들지 않는다.

② 눈썹Eyebrow

눈썹의 숱이 적은 경우는 에보니 펜슬로 자연스럽게 빈곳을 메꿔주는 정도로 표현을 해주며 숱이 많거나 눈꼬리가 쳐진 눈썹은 가위로 숱을 정리하거나 직선이나 상승형으로 눈썹의 형태에 맞추어 단정하게 정리한다.

③ 눈Eye

섀도는 2단계 정도 어두운 브라운 계열로 음영만 준다. 언더 아이라인은 블랙 아이라인 펜슬로 엷게 그려 준 후 면봉으로 펴 준다.

④ 볼Cheek

뺨과 턱, 이마 등을 브라운 계열로 브러시를 이용해 윤곽수정을 한다.

⑤ 입술Lip

입술은 너무 표가 나지 않게 베이지 계열로 자연스럽게 연출하며 입술이 많이 건조한 경우는 번들거리지 않을 정도의 립 글로스나 립 밤을 바른다. 본래의 입술이 어두운 경우 밝은 브라운이나 살구색 등을 가볍게 발라 생기 있게 표현한다.

4. 혼주 메이크업Parents Make up

결혼식 당일에는 양가의 혼주들은 여성의 경우에 한복을 착용하게 된다. 한복의 부드러운 곡선과 색상에 조화되는 우아한 느낌을 잘 표현하는 것이 중요하다. 혼주의 한복 색상은 보통 신랑측과 신부측이 다르게 착용하게 되므로 한복 색상에 맞추어서 메이크업을 한다.

혼주 화장에 있어서도 파운데이션을 너무 두껍게 발라서 잡티를 커버하기보다는 자연스럽고 부드럽게 표현하여 우아하고 품위 있게 표현하는 것이 중요하다. 자칫 혼주화장이 두꺼워지면 시간이 지날수록 주름이 더욱 두드러질 수 있으므로 유의해야 한다.

① 피부표현Base Make up

주름이 너무 두드러지지 않도록 크림 파운데이션으로 부드럽게 펴 발라 주며 피부색보다 한 톤 정도 밝게 표현한다. 파운데이션은 베이지 색상으로 바르고 파우더는 핑크, 투명, 베이지를 섞어 바른다.

② 눈썹Eyebrow

눈썹은 회갈색으로 얼굴형이나 이미지에 맞게 또렷하고 자연스럽게 표현한다.

③ 눈Eye

아이섀도는 인디언 핑크, 팥죽색 등의 차분한 톤으로 자연스럽게 그라데이션하며 나이가 들어서 처진 눈은 리퀴드 타입보다는 펜슬 타입으로 자연스럽게 눈매를 올려 표현한다.

④ 볼Cheek

치크를 볼 중앙에 둥글게 하는 것은 피해야 하며, 혈색을 표현하기 위해 붉은기가 도는 브라운 톤으로 자연스러운 느낌으로 표현한다.

⑤ 입술Lip

나이가 들면 입술선 자체가 흐려지며 볼륨감이 없어지며 작아진다. 너무 확장해서 그리지 않는 것이 좋으며 입을 다물었을 때 자연스러운 정도가 적당하다.

색상 선택에 있어서도 엷은 와인색이나 핑크, 브라운 등 붉은 기가 있는 색을 주로 사용하며, 지나친 펄이나 글로시한 립의 표현은 피하는 것이 좋다.

Chapter 7
이미지 메이크업

Chapter 7

이미지 메이크업

1. 이미지Image 개념 정의

이미지란, 상象, 표상表象, 심상心象이란 뜻으로 가시적인 형태나 움직임으로부터 느껴지는 '감각, 연상, 분위기' 등의 총체적인 개념을 말한다.

메이크업 이미지는 '패션 이미지와 스타일'에서 응용한 것으로 의복의 실루엣, 색상, 직물 등에 대한 이해를 필요로 하며 '선과 형태', '색상', '질감' 등의 '메이크업 디자인 3요소'를 기준으로 다음과 같은 이미지로 분류할 수 있다.

패션쇼나 화보, 전문 잡지 등에서 보여주는 패션 스타일과 이미지를 메이크업 이미지와 동일하게 하는 경우, 메이크업 이미지는 미니멀하거나 트렌디하게 하는 경우, 정형화된 고정관념에서 탈피하여 재해석하여 새롭게 응용되는 경우 등을 볼 수 있으나 '메이크업 디자인을 구상'하고 작업을 하기 위해서 먼저 '패션 스타일' 전반을 통해서 '이미지에 대한 개념 이해'를 필요로 한다는 것이 중요하다.

2. 이미지의 분류와 메이크업

(1) 엘레강스Elegance 이미지 메이크업

- 불어로 '우아한', '고상한'의 뜻을 지닌 용어로 성숙한 여성의 아름다움이 표현되는 메이크업이다.
- 고급스럽고 우아하며 품위 있는 여성다움을 지향하며 전통을 고수하는 '클래식Classic'과 보수적인 '페미닌Feminine'이미지 스타일을 표현하기도 한다.

NEW YORK(2020 SS),
BROCK

LONDON(2020 SS), VICTORIA
BECKHAM

MILAN(2020 SS),
GIORGIO ARMANI

① 메이크업 색상

우아함과 깔끔함, 세련되고 차분함이 깃들어 있어야 하므로 부드러운 인디언 핑크, 회갈색, 퍼플, 적갈색, 와인, 오렌지 브라운 등이 좋다.

Elle, 2019. 12월호(미국)

Vogue, 2019, 12월호(독일)

② 메이크업 선과 형태

형태는 너무 직선적이거나 사선적인 느낌보다는 약간의 아웃 커브 립 라인이나 눈꼬리를 길게 빼지 않은 아이라인이 더 잘 어울린다.

③ 메이크업 질감

피부 질감은 들뜨기 쉬운 펄이나 글로시한 타입보다 소프트 매트한 질감의 아이섀도와 립스틱이 좋고, 한 부분만을 강조하는 것보다 '전체적인 밸런스와 조화'를 이루어야 한다.

④ 피부표현Base Make up

부드럽고 단정한 이미지를 줄 수 있는 본래 피부 톤보다 약간 밝은 색의 피부를 표현한 후, 지나친 하이라이팅이나 셰이딩은 피한다.

⑤ 눈썹Eyebrow

회갈색의 아이브로 펜슬이나 아이브로 섀도 컬러를 이용해 빈 곳을 메우거나 일자형이나 표준형, 완만한 눈썹 산을 살린 형태로 그린다.

⑥ 눈Eye

원색보다는 파스텔 계열의 색조가 적합하므로, 파스텔 핑크와 와인, 파스텔 핑크와 퍼플, 엷은 오렌지와 브라운 등의 색으로 부드럽게 펴준 다음에 아이라인을 자연스럽게 그린다.

⑦ 입술Lip

아이섀도 색상과 유사 계열의 립스틱 색상을 선택하고 입술 산이 너무 각지지 않도록 부드럽게 커브를 만든다.

⑧ 헤어 스타일

굵은 웨이브 컬, 자연스런 업 스타일 등이 어울린다.

⑨ 의상

샤넬, 입생 로랑, 지방시 풍의 의상들로 부드러운 니트나 레이스가 달린 블라우스, 흐르는 곡선 느낌의 스커트 등, 동적인 느낌보다는 정적인 이미지에 가깝다.

(2) 클래식Classic 이미지 메이크업

- '고전적인', '전통의', '전형적인'이라는 뜻으로 패션 용어로는 가장 기본적이고 유행을 타지 않는 스타일을 말한다.
- 격식을 차린 모범적 스타일로 유행을 타지 않고 '늘 사랑받는 전형典型'과도 같은 느낌의 메이크업으로 공식적인 모임, 지적인 이미지나 신뢰감, 기품을 표현하고자 하는 모임 등에서 활용된다.

MILAN(2020 SS), PRADA

MILAN(2020 SS), JIL SANDER

MILAN(2020 SS), PRADA

Elle, 2019, 12월호(미국)

Elle, 2019, 12월호(미국)

Elle, 2019, 12월호(미국)

Vogue, 2019, 11월호(프랑스)

Elle, 2019, 12월호(미국)

① 메이크업 색상

화려하거나 너무 채도가 높은 색, 차가운 색상 계열보다는 지적인 베이지, 브라운이나 차분하고 따뜻한 보르도, 버건디 등의 품위가 느껴지는 색상의 메이크업이 좋다.

전체적인 메이크업의 색상과 톤이 통일감 있고 무난하게 보여져야 한다.

② 메이크업 선과 형태

인위적이고 과도하게 수정된 선의 사용보다는 절제 속에서 세련된 멋을 풍길 수 있으므로 차분하면서도 단정한 품격이 느껴지게 표현한다.

③ 메이크업 질감

너무 두껍거나 답답한 느낌보단 깨끗하고 자연스러운 질감으로 표현한다.

④ 피부표현Base Make up

깔끔한 피부톤으로 정리해 주고 엷은 베이지 계열 파운데이션을 선택한 후, 부드러운 얼굴 윤곽 수정을 위한 하이라이트와 셰이딩용 파운데이션을 약간만 덧바르되 너무 어색하거나 강하게 부각되지 않도록 잘 펴바른다.

⑤ 눈썹Eyebrow

회갈색의 아이섀도로 그려 주거나 약간의 각을 살린 아치형의 눈썹으로 그린다.

⑥ 눈Eye

베이스 컬러로 아이보리 컬러를 펴바른 후, 오렌지 브라운, 카멜 브라운, 카키 등을 서로 혼합해 사용한 후, 눈매는 너무 강하지도 너무 흐릿해 보이지도 않도록 적당히 그린다.

⑦ 입술Lip

유분기가 적은 소프트 매트 타입의 립스틱을 사용하고 윤곽을 너무 많이 수정하지 않도록 한다. 코럴 핑크나 코럴 베이지, 부드러운 베이지 브라운, 코럴 브라운, 와인 브라운 등을 바른 다음, 입술 산을 깔끔하게 정리한 형태로 그린다.

⑧ 볼Cheek

약간의 코럴 브라운 계열로 얼굴 윤곽을 수정하면서 블렌딩한다.

⑨ 헤어 스타일

너무 화려하지 않은 세미semi 업 스타일이나 중간 길이 정도의 단발 직모, 부드럽게 컬이 된 세미 롱 커트 스타일 등이 어울린다.

⑩ 의상

샤넬풍의 트위드 재킷과 셔츠 블라우스, 샤넬 라인의 타이트 스커트, 테일러드 수트tailored suit, 디테일이 없는 깔끔한 팬츠 정장 등에 진주 목걸이나 귀에 붙는 작은 귀걸이 등이 적합하다.

(3) 로맨틱Romantic 이미지 메이크업

- '낭만적인', '연애 감정의'라는 의미를 가지고 있으며 여성스럽고 아름답고 달콤한 이미지를 말한다.
- '로맨틱'이란 완숙한 여성적 아름다움보다는 '순수하고 열정적인 소녀'의 티가 나는 이미지를 일컫는 말로 '매니시mannish, 스포티sporty'와 반대의 이미지이다.

• 소녀와 같은 동심의 세계를 동경하거나 환상적인 파티처럼 화려한 기분에 젖고 싶은 느낌 등을 말하고 꽃무늬나 잔잔한 프릴과 레이스 등의 귀엽고 청순한 이미지를 말한다.

MILAN(2020 SS), PHILOSOPHY DI LORENZO SERAFINI

MILAN(2020 SS), BLUMARINE

Elle, 2019, 12월호(미국)

Vogue, 2019, 11월호(프랑스)

① 메이크업 색상

사랑스럽고 낭만적인 인상을 주는 주로 핑크 계열의 색조 화장을 하거나 화이티시 톤 whitish tone, 라이트 톤light tone 계열의 색상을 이용한다.

② 메이크업 선과 형태

직선적이거나 사선형 보다는 약간 둥근 곡선형이나 완만한 사선형으로 표현한다.

③ 메이크업 질감

너무 건조하거나 유분감이 느껴지는 질감이 아닌 은은한 펄감이나 자연스럽고 생기가 느껴지는 글로시한 느낌을 강조하기도 한다.

④ 피부표현Base Make up

베이지 계열보다는 핑크 계열의 파운데이션과 파우더를 바른다.

⑤ 눈썹Eyebrow

눈 화장을 강조해야 하므로 눈썹은 너무 진하거나 강하지 않게 자연스런 커브로 빈 곳을 메워 주는 기분으로 표현해 주되, 너무 진한 흑색이나 탁한 회색 등은 피한다.

⑥ 눈Eye

베이스 컬러로 펄이 있는 화이트 색을 바른 후, 엷은 핑크나, 엷은 퍼플 등으로 포인트를 준다.

눈썹 뼈 돌출 부위에 하이라이트를 주고 안구 중심 부위에 밝은 색의 펄 핑크로 포인트를 줄 수도 있으며 풍성한 마스카라, 긴 인조 속눈썹으로 눈을 강조할 수 있다.

⑦ 입술Lip

핑크 계열로 톤 차를 두어 하이라이트와 립 셰이딩을 표현한다. 매트 타입보다는 펄이나 글로시한 질감이 더 어울린다.

⑧ 볼Cheek

일반적인 사선 느낌의 치크보다는 광대뼈 윗부분에 부드러운 곡선 느낌으로 터치해 혈색을 주어 귀여운 이미지를 살린다. 파우더 타입보다는 크림 타입의 제품이 혈색을 자연스럽게 표현하는 데 효과적이다

⑨ 헤어 스타일

짧은 모발이나 생머리보다는 웨이브형 긴 헤어스타일, 소품으로 꽃이나 인조 보석, 깃털 등을 사용할 수 있다.

⑩ 의상

꽃무늬나 풀포기 무늬가 그려진 얇은 천의 드레스나 파스텔 계열의 핑크, 그린 색상과 노랑과 보라 계통의 페일 톤 얇은 소재의 의상이 이상적이다.

목면 같은 소박한 소재나 레이어드layered, 물방울 무늬dots, 프릴frill이나 언더 스커트underskirt, 페티코트petticoat 등, 코사지와 리본을 활용할 수 있다.

(4) 소피스티케이티드Sophisticated /시크Chic 이미지 메이크업

- '세련된, 멋 부린, 기교에 치우친' 등의 뜻으로 빈틈없이 잘 다듬어져 손 볼 여지가 더 이상 없음을 뜻함으로써 '도시 감각'이나 '성숙한 여성스러움'이 표현된다.
- 지성과 교양을 중시하는 커리어 우먼Career Woman 형의 이미지나 정교한 스타일링을 한 것을 말하며 리치rich, 시크chic, 슈어sure, 스노브snob 등의 트렌드들이 해당한다.

PARIS(2020 SS), CHANEL

PARIS(2020 SS), MIU MIU

PARIS(2020 SS), LEMARIE

PARIS(2020 SS), JIL SANDER

Elle, 2019, 12월호(미국)

Vogue, 2019, 11월호(독일)

① 메이크업 색상

어른스러운 감각과 도시적인 세련미를 가진 단순하면서도 품위 있고 지적인 이미지를 표현하는 메이크업이다.

비비드나 스트롱, 브라이트 톤이 아닌 페일, 라이트 그레이쉬, 그레이쉬, 덜, 다크 톤을 활용하는 것이 좋다.

② 메이크업 선과 형태

곡선형보다는 '절제된 사선형'이 잘 어울린다.

③ 메이크업 질감

매끈한 피부 질감 표현을 위해 '프라이머'를 사용하고 펄이 들어간 메이크업 베이스, 메이크업 베이스에 에센스를 혼합하고 펄이 들어간 파운데이션을 섞어서 표현할 수 있다.

입술 화장의 질감은 펄이 들어있거나 글로시한 느낌보다는 소프트 매트하거나 마른 장밋빛 느낌으로 표현한다.

④ 피부표현Base Make up

자연스런 광택감을 표현하기 위해 섬세한 펄 입자가 들어간 메이크업 베이스를 바른 후, 파운데이션 전용 브러시로 섬세하게 바른다.

베이지 계열의 파운데이션으로 꼼꼼히 바른 후, 1~2톤 차이가 나는 하이라이트와 셰이딩용 파운데이션으로 얼굴의 윤곽을 약간 수정하고, 투명분으로 깔끔하게 누른다.

⑤ 눈썹Eyebrow

너무 두텁거나 빈약해 보이지 않도록 회갈색 펜슬로 샤프하게 그리거나 아이브로 마스카라로 빗질한다. 눈썹 산의 아치를 잘 살린 형태로 약간 각이 진 눈썹 형으로 그린다.

⑥ 눈Eye

따뜻한 계열의 색보다는 '도회적이고 모던한 느낌'을 줄 수 있는 은회색, 청보라색, 청회색 등의 펄이 약간 들어간 아이섀도를 바른 후, 눈꼬리 부분을 살려 펜슬이나 젤 아이라이너로 아이라인을 그린다.

'소프트 스모키' 형태로 눈을 강조한 화장을 한다.

너무 인위적인 인조 속눈썹보다는 아이래시 컬러나 마스카라를 덧발라 속눈썹을 강조한다.

⑦ 입술Lip

입술의 윤곽을 먼저 잘 살리고, 강렬하거나 색감이 화려한 오렌지, 핑크보다는 자연스럽고 부드러운 핑크 계열, 차분한 베이지 브라운, 차가운 붉은색 립스틱이 적당하며 구각 주변에 컨실러로 입매를 깔끔히게 그려줌으로써 입술의 윤곽과 볼륨감을 강조한다.

아웃 커브 형태보다는 세련된 스트레이트 형으로 'MLBBMy Lip But Better'으로 그린다.

⑧ 볼Cheek

핑크나 오렌지 계열보다는 약간 매트한 베이지 브라운 치크 블러셔를 이용, 얼굴의 윤곽을 약간 수정하면서 둥근 느낌보단 사선의 느낌으로 블렌딩한다.

⑨ 헤어 스타일

단발의 생머리나 세련된 숏 커트 스타일, 올 백all back 업 스타일 등이 어울린다.

⑩ 의상

소프트 터치의 소재와 재단, 봉제 기술 등이 너무 답답해 보이지 않는 자유롭고 부드러운 느낌을 주어야 한다. 퇴색한 듯한 톤의 밝은 회색, 회색, 어두운 회색, 검정 등의 절제된 기품을 느낄 수 있는 색상의 심플한 의상이 좋다.

'무지나 스트라이프 패턴'이 시크한 이미지를 더욱 부각시킬 수 있다.

(5) 액티브Active 이미지 메이크업

- 액티브는 '엘레강스'와 반대되는 개념의 '밝고 쾌활한 이미지'를 말한다. 액티브라면 흔히 남성 취향의 터프한 이미지를 떠올리거나, 스포츠를 즐기는 여성들이나, 캠핑, 레저 등을 즐기는 밝고 적극적인 이미지의 여성에게 해당된다.
- 스포티sporty, 마린 룩marine look, 워크 룩work look, 레포츠 룩leports look=leisure+sports look 등의 트렌드가 이에 해당된다.

PARIS(2020 SS), LACOSTE

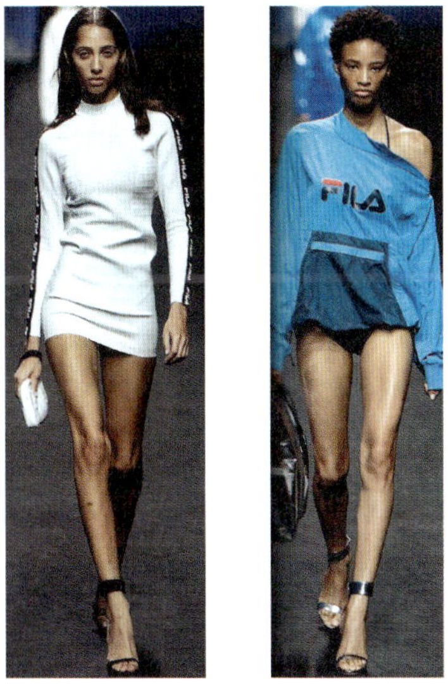

MILAN(2020 SS), FILA

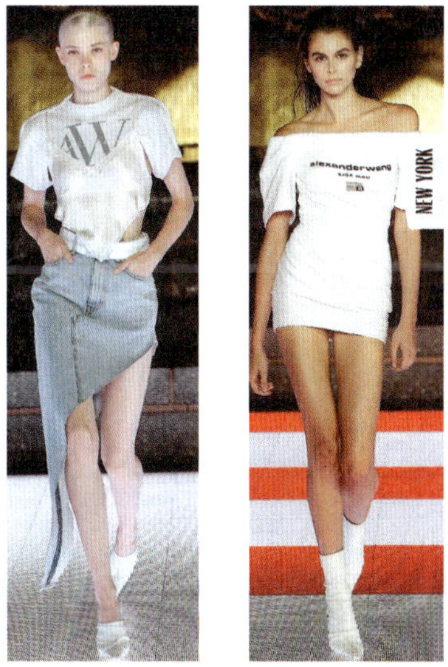

NEW YORK(2020 SS), ALEXANDER WANG

Elle, 2019, 12월호(미국)

① 메이크업 색상

비비드, 브라이트, 스트롱 톤의 밝고 생명감이 느껴지는 경쾌한 색을 사용한다.

② 메이크업 선과 형태

색이 강조되므로 선과 형태는 변화를 주기보다는 기본 형태로 그린다.

③ 메이크업 질감

자연스럽고 건강한 이미지의 질감으로 표현한다.

④ 피부표현Base Make up

야외에서는 자외선 차단제를 먼저 바른 후, 파운데이션을 바르는데 최대한 자연스럽고 가볍게 보이는 질감을 표현하기 위해 리퀴드 타입의 파운데이션을 바른 후, 투명 파우더로 마무리한다.

이때 너무 매트한 느낌이 들게 하지 말고 약간의 자연스러운 유분과 광택이 남아 있도록 바른다.

⑤ 눈썹Eyebrow

인위적인 두께감이나 형태가 아닌, 빈 곳을 자연스럽게 메워 주는 기분으로 '모발의 색'과 유사한 색상으로 칠한다.

⑥ 눈Eye

다양한 색상의 그라데이션이 아닌, 1~2가지 기본색을 깔끔하게 펴 바른 후 인조 아이라인보다는 섀도나 펜슬로 눈의 형태에 맞게 그리고, 인조 속눈썹의 사용은 가급적 피한다.

⑦ 입술Lip

의상의 색이 강한 유채색일 경우나 야외 스포츠, 레저를 즐길 경우에는 상의 색과 어울릴 수 있는 하나의 색을 선택해 칠한 후 입술 색은 보색 계열로 발라서 활동적이고 다이내믹한 인상을 강조할 수도 있으며 색감이 적은 립 글로스나 립 틴트를 바를 수 있다.

매트한 타입보다 글로시한 느낌이 훨씬 생동감 있어 보이고 아이섀도 색상과 유사색 또는 보색으로 색다른 느낌을 연출할 수 있다.

립 하이라이트나 립 셰이딩의 표현, 무리한 입술 형 수정은 하지 않는다.

⑧ 볼Cheek

생략하거나 엷은 코럴 핑크로 흐리면서도 부드럽게 건강미를 준다.

⑨ 헤어 스타일

짧은 숏 커트 스타일이나 단정한 단발, 긴 생머리에 헤어 밴드, 포니 테일 등이 어울린다.

⑩ 의상

스포티하고 활동적인 재킷, 사파리 점퍼, 셔츠에 청바지, 사파리 룩, 트레이닝 웨어 등이 적합하며 블라우스와 티셔츠를 팬츠와 입는다.

한 벌의 슈트보다는 상·하의가 분리된 단품으로 빨강, 파랑, 녹색, 노랑 등의 즐겁고 개방적인 색으로 대조적인 배색이 좋다

(6) 포스트 모던Post Modern 이미지 메이크업

- '근대적', '근대의', '현대적'이라는 의미의 모던Modern보다 좀 더 진보적인 스타일로서 '전위성前衛性: 선구적이고 실험적인 작품'이 강하고 유행을 선도하는 유형을 말한다.
- 합리적인 의상, 기능적, 심플함, 샤프함과 지적 세련미를 겸비한 이미지 보단 포스트 모던post modern, 하이테크high-tech, 하이브리드hybrid: 서로 다른 성질을 가진 요소를 둘 이상 뒤섞음, 퓨처리스트 룩futurist look 등이 해당된다.
- 실험주의적이고 검증된 상태가 아니므로 평범한 것에 익숙한 사람들 눈에는 전위적으로 느껴지기 쉬우므로 '아방가르드avant garde'적 성향의 메이크업예: 사이버, 하이브리드이라 말할 수 있으며 센세이셔널한 이미지의 광고 사진이나 패션 잡지, 패션 컬렉션에서의 스테이지 메이크업에서 주로 활용된다.

PARIS(2020 SS), BALMAIN

PARIS(2020 SS), COMME DES GARGONS

PARIS(2020 SS), THOM BROWNE

MILAN(2020 SS), GUCCI

MILAN(2020 SS), MOSCHINO

① 메이크업 색상

과감한 비비드, 스트롱, 딥, 다크 톤, 이질적인 컬러들의 배색으로 독특한 이미지를 표현할 수 있다.

② 메이크업 선과 형태

상식적이고 평범한 선과 형태에서 탈피해 실험적이고 도전적인 선과 형태를 사용할 수 있다.

③ 메이크업 질감

일반적인 질감이 아닌 다양한 질감greasy, creamy, glittering, shimmering을 시도함으로써 미래 지향적이거나 실험적인 과감한 이미지를 전달할 수 있다.

④ 피부표현Base Make up

일반적인 피부의 톤이나 질감이 아닌 창백pale tone하거나 유분감 있는 질감greasy, 은빛과 금빛의 메탈릭한 질감metalic, 태닝tanning된 스킨 톤 표현 등 일률적인 규칙이 있지 않고 나름대로의 개성과 콘셉트에 맞춰 표현한다.

⑤ 눈썹Eyebrow

정형적인 룰을 벗어나서 잘려진 형태, 일으켜 세워진 형태, 눈썹끼리 맞붙은 형태 등 응용과 변형이 가능하고, 깃털, 레이스, 구슬 등의 오브제를 이용하기도 한다.

⑥ 눈Eye

검정, 은색, 금색, 붉은 색 등을 바르거나 메탈릭 큐빅이나 인조 보석, 구슬, 깃털 등을 붙일 수도 있다.

⑦ 입술Lip

눈화장의 콘셉트과 조화가 되는 색상으로 매트matte하거나 글로시glossy, 쉬머shimmer, 크리미creamy 등 다양한 질감 표현을 응용할 수 있다.

⑧ 볼Cheek

의상의 실루엣이나 콘셉트에 따라서 비정형적인 형태, 파격적인 위치나 선의 형태 또는 생략도 가능하다.

⑨ 헤어 스타일

비대칭 컷asymetric cut이나 다양한 색상과 형태의 가발을 이용하거나 올 백 스타일, 대머리 형태를 응용하기도 한다.

⑩ 의상

미니 스커트와 헬멧, 번쩍거리는 팬티 스타킹과 긴 부츠, 가죽 롱 코트, 첨단 소재, 트임 장식이나 노출, 패치 워크patch work, 기하학적인 패턴의 의상 등 첨단적이고 환상적인 연출을 시도해 볼 수 있다.

(7) 컨트리Country 이미지 메이크업

- '자연', '교외', '전원'이라는 뜻으로 자연을 존중하고 야외에서 건강한 생활을 지향하는 '순수, 자연, 투박함'과 자연미를 표현하는 이미지이다.
- 액티브 메이크업이 주로 스포츠나 레저 등 일상에서 의도적으로 벗어난 적극적 활동임에 반해 컨트리 메이크업은 좀 더 '자연에 밀착된 자연과의 조화'를 강조하는 이미지의 메이크업이다.
- 컨트리 이미지는 남성적인 하드한 감각, 이지적이고 쿨한 이미지, 섹시함을 느끼게 하는 '소피스티케이티드'와는 반대 이미지이다.
- '에콜로지ecology, 트로피컬tropical, 아웃 도어out-door, 사파리safari, 웨스턴western' 등이 해당된다.

PARIS(2020 SS), DIOR

NEW YORK(2020 SS), MICHAEL KORS

PARIS(2020 SS), CELINE

① 메이크업 색상

흰색, 베이지, 오렌지, 그린, 브라운 계열 등 자연에서 볼 수 있는 색을 활용해 표현한다.

② 메이크업 선과 형태

자연스럽고 부드러운 선으로 표현한다.

③ 메이크업 질감

소프트 매트한 질감으로 표현한다.

④ 피부표현Base Make up

본인의 톤과 동일하게 또는 약간 더 차분한 톤으로 표현하고 두꺼운 스틱 타입보다는 BB 크림, 리퀴드, 크림 타입의 파운데이션이 좋다.

파우더는 투명 파우더나 차분한 베이지 색 파우더로 브러시에 묻혀 살짝만 발라주고 얼굴의 주근깨나 점 등은 의도적으로 가리지 않는다.

Vogue, 2019, 11월호(프랑스)

⑤ 눈썹Eyebrow

너무 가느다랗거나 정갈하게 정리된 형태보다 약간 터프한 느낌이 들도록 빗질한 후, 섀도 타입으로 메워 주거나 마스카라 타입의 아이브로 브러시로 빗는다.

⑥ 눈Eye

아이보리색에 베이지, 카멜 브라운이나 오렌지 브라운 등으로 펴서 바르거나 카키 브라운이 적합하다. 아이 라인은 너무 꼬리를 길게 빼거나 치켜 올리지 않고 생략하거나 아이 라인 펜슬이나 짙은 아이섀도로 자연스럽게 칠한다.

⑦ 입술Lip

입술의 윤곽을 립 컨투어링lip contouring 펜슬로 부드럽게 그린 후, 코럴 오렌지, 베이지 핑크 색상으로 칠하거나 투명 립글로스로 입술의 생기만 표현한다.

⑧ 볼Cheek

생략하거나 코럴 핑크 계열로 넓게 터치한다.

⑨ 헤어 스타일

약간 웨이브 진 긴 모발, 갈색의 생머리, 땋은 모발, 포니 테일 등이 어울린다.

⑩ 의상

천연 염료로 염색된 소재, 선명한 색채와 열대 지방 특유의 프린트 소재, 썸머 패션, 리조트 패션, 사파리 재킷, 웨스턴western 스타일, 개더 스커트gather skirt, 프릴 달린 블라우스, 청바지, 벨트와 스카프, 웨스턴 타이, 모자, 큐롯 바지, 하이 삭스high socks 등이 어울린다.

(8) 에스닉Ethnic 이미지 메이크업

- '민속학적인', '인류학적인', '비기독교권의 국가풍'으로 외국 풍속이 반영된 이국적 무드와 경향을 말한다.
- 이그조틱exotic, 앤틱antique, 포클로어folklore, 짚시gypsy, 라틴latin, 아라비안arabian, 오리엔탈oriental, 인디언indian, 차이니즈chinese, 등을 말하는데, '에스닉과 포클로어'는 중동과 동남아 유럽의 민속풍이 강한 반면 '이그조틱은 열대 지방의 민속풍 이미지'에 가깝다.

MILAN(2020 SS), STELLA JEAN

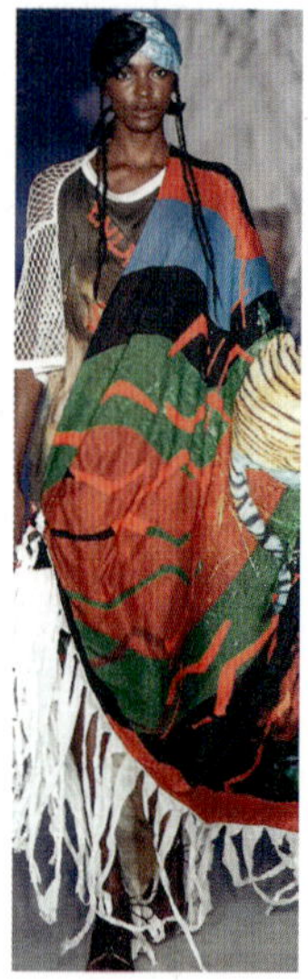

PARIS(2020 SS), ANDREAS KRONTHALER FOR VIVIENNE SESTWOOD

MILAN(2020 SS), ETRO

LONDON(2020 SS), ERDEM

MILAN(2020 SS), ANTONIO MARRAS

① 메이크업 색상

브라이트, 덜, 딥 톤 계열의 오렌지, 옐로, 그린 컬러를 사용해 이국적이거나 부드럽고 순박한 느낌을 표현한다.

② 메이크업 선과 형태

날카롭고 각진 선이 아닌 둥글거나 짧은 직선 등의 형태가 어울린다.

③ 메이크업 질감

부자연스럽고 부담스러운 질감이 아닌 자연미가 느껴지는 질감으로 표현한다.

④ 피부표현Base Make up

표현하고자 하는 국가의 인종에 맞추어 피부 톤을 선택한다.

중국, 일본 등의 동양계: 밝은 베이지 계열의 파운데이션을 바르고 인도, 이집트, 중동 등은 다크 브라운이나 태닝 톤으로 표현한다.

⑤ 눈썹Eyebrow

동양계의 경우는 너무 두껍거나 진하지 않게 가느다란 일자형의 눈썹이나 아치형 상승형으로 그리고, 다른 국가의 경우에는 각 국가별 인종의 특성에 맞추어 그린다.

⑥ 눈Eye

펄 질감의 금빛이나 오렌지 브라운, 라임 그린이나 카키 등을 펴 바른 후, 붉은 계열의 오렌지나 다크 브라운 아이섀도를 발라준 다음 젤이나 리퀴드 아이라인으로 눈을 약간 길게 그린다.

⑦ 입술Lip

주로 붉은 계열의 오렌지, 적갈색 등을 발라준 후, 하이라이트로 펄 산호빛이나 금빛을 바른다. 시대와 국가별 특징을 살려 재현한다.

⑧ 볼Cheek

오렌지 계열로 발라준 후, T 존에 금빛 펄 파우더를 약간만 바를 수도 있다.

(9) 매니시Mannish 이미지 메이크업

- 원래, 남녀 평등을 주장하는 시대상을 반영한 패션 테마로서 여성이 남성 복장을 차용借用함으로써 시작되었으나, 최근에는 여성다움을 어느 정도 유지하면서 '심플함, 이지적, 중후함, 클래식하면서 중성적인 이미지'를 풍기는 스타일을 매니시로 일컫고 있는 추세이다.
- 1980년대의 '파워 수트Power Suit'와 같이 두꺼운 어깨 패드를 사용한 남성적 스타일, 1990년대의 좁은 어깨 패드Pad를 활용한 약간은 여성적 이미지의 매니시 스타일이 유행되었다.

NEW YORK(2020 SS),
SANDY LIANG

LONDON(2020 SS),
VICTORY BECKHAM

MILAN(2020 SS),
BOSS

NEW YORK(2020 SS),
RALPH LAUREN

LONDON(2020 SS)
VICTORIA BECKHAM

- '남성적인' 스타일 특성이나 소재와 실루엣, 패턴 등이 반영된 스타일과 이미지를 말하며 오버 사이즈 재킷, 단색 팬츠, 모자, 가방, 구두, 셔츠와 넥타이 등을 활용하며 다자인은 최소한으로 하면서 소재의 특성을 최대한 살리는 스타일이 해당된다.
- 멋쟁이 남성 스타일의 댄디dandy, 군복에서 영감을 받은 밀리터리military 스타일과 해군 군복 스타일의 마린marin 룩 등이 해당된다.

- 두꺼운 면, 모직, 코듀로이, 스트라이프, 체크 패턴, 기하학적인 무늬와 무지 등이 해당되며 색상은 흰색, 검정색, 회색, 갈색, 올리브 그린이나 카멜 등 어둡고 차분한 가라앉은 톤이 주를 이룬다.

① 메이크업 색상

피부 톤과 색조 메이크업 색상은 기본형으로 표현하고 과도한 색감이나 포인트 색상은 가급적 줄인다.

② 메이크업 선과 형태

둥글고 볼륨감을 살린 선과 형태가 아닌 간결하거나 직선이나 사선 형태가 어울린다.

③ 메이크업 질감

부자연스럽고 부담스러운 질감이 아닌 깨끗하고 담백한 자연미가 느껴지는 질감으로 표현한다.

④ 피부표현Base Make up

베이지 계열의 리퀴드나 크림 파운데이션을 바르고 파우더의 양도 소량으로 자연스런 피부의 색감과 질감을 표현한다.

⑤ 눈썹Eyebrow

아치형이나 곡선형보다는 일자형이나 표준형이 적합하며 눈썹 앞머리는 약간 숱과 볼륨감을 강조하기 위해 아이브로 마스카라로 자연스럽게 터치한다.

⑥ 눈Eye

기본 색감만 바르고 포인트 섀도는 생략할 수 있으며 소프트 스모키 아이Soft Smoky Eye 메이크업으로 눈매에 포인트를 살린 메이크업도 잘 어울린다.

⑦ 입술Lip

소프트 스모키 아이 메이크업에는 누드 베이지, 누드 베이지 브라운 컬러로 표현해 주고 눈 화장에 색감이 거의 없을 경우에는 강렬한 레드 립 컬러나 마른 장미꽃 잎 컬러로 '원 포인트One Point' 메이크업을 한다.

⑧ 볼Cheek

생략하거나 베이지 브라운 컬러로 사선 방향으로 블렌딩한다.

3. 이미지 컬러 배색

(1) 로맨틱 / 액티브 / 에스닉 이미지

고명도 고채도의 라이트 톤light tone이 주조를 이루며 페일 톤pale tone으로 보조한다.

콘셉트 : 즐거운, 아기자기한, 싱싱한, 밝은, 신선한, 사랑스런, 재미있는, 쾌활한, 달콤한

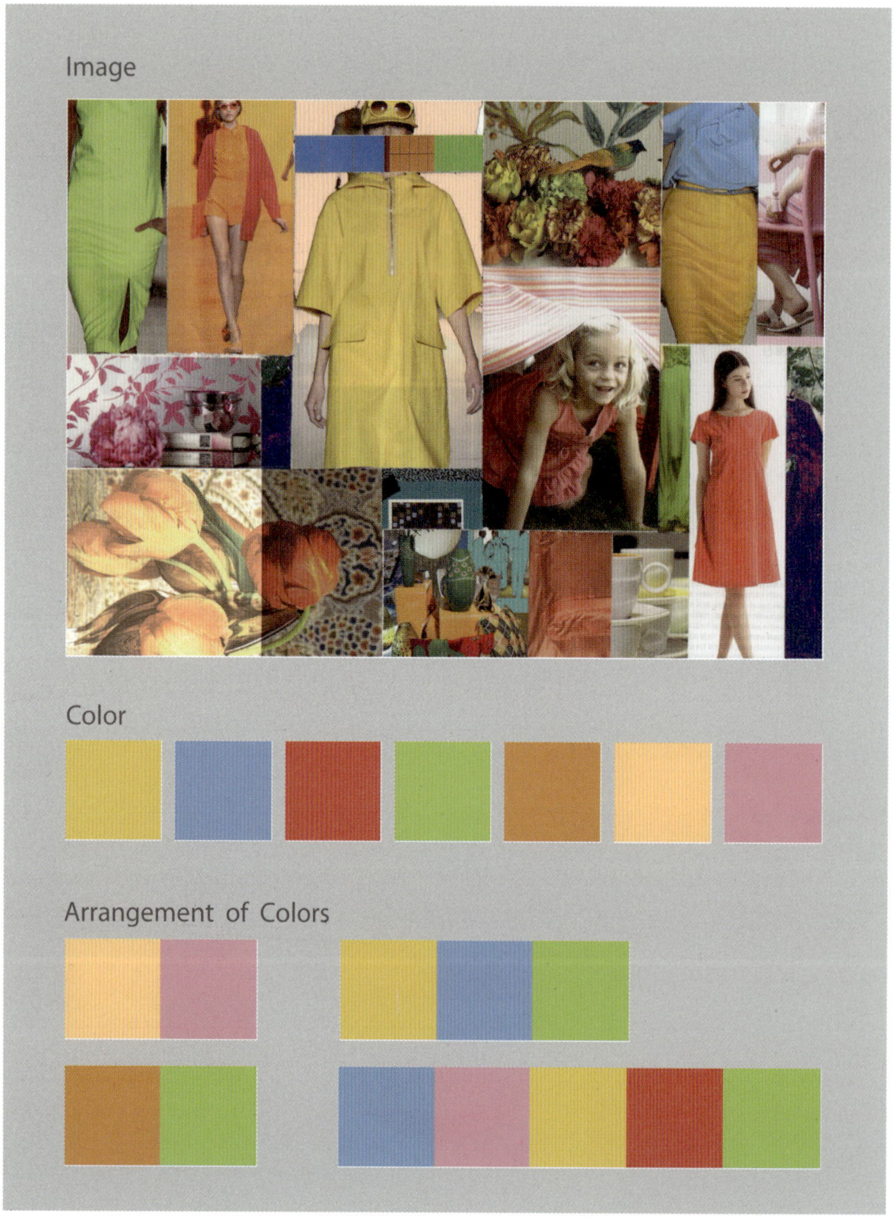

배용진 외 3인, "패션&뷰티 코디네이션을 위한 색채 15강", 2018.

(2) 엘레강스 / 로맨틱 이미지

저채도의 페일pale, 라이트 그레이쉬 톤light grayish tone이 주조를 이룬다.

콘셉트 : 연약한, 순수한, 약한, 유연한, 매끄러운, 잔잔한, 소박한, 안정된

배용진 외 3인, "패션&뷰티 코디네이션을 위한 색채 15강", 2018.

(3) 액티브 / 에스닉 이미지

고채도의 비비드vivid, 기본 톤tone이 주조를 이루며 라이트 톤light tone으로 보조한다.

콘셉트 : 젊은, 새로운, 스포티한, 자유로운, 활동적인, 율동적인, 선명한, 돋보이는, 다양한

배용진 외 3인, "패션&뷰티 코디네이션을 위한 색채 15강", 2018.

(4) 내추럴 / 컨트리 이미지

자연에서 보여지는 노랑, 초록, 갈색의 중채도가 주조를 이룬다.

콘셉트 : 정다운, 자연적인, 포근한, 풍성한, 전원적인, 편안한, 감미로운

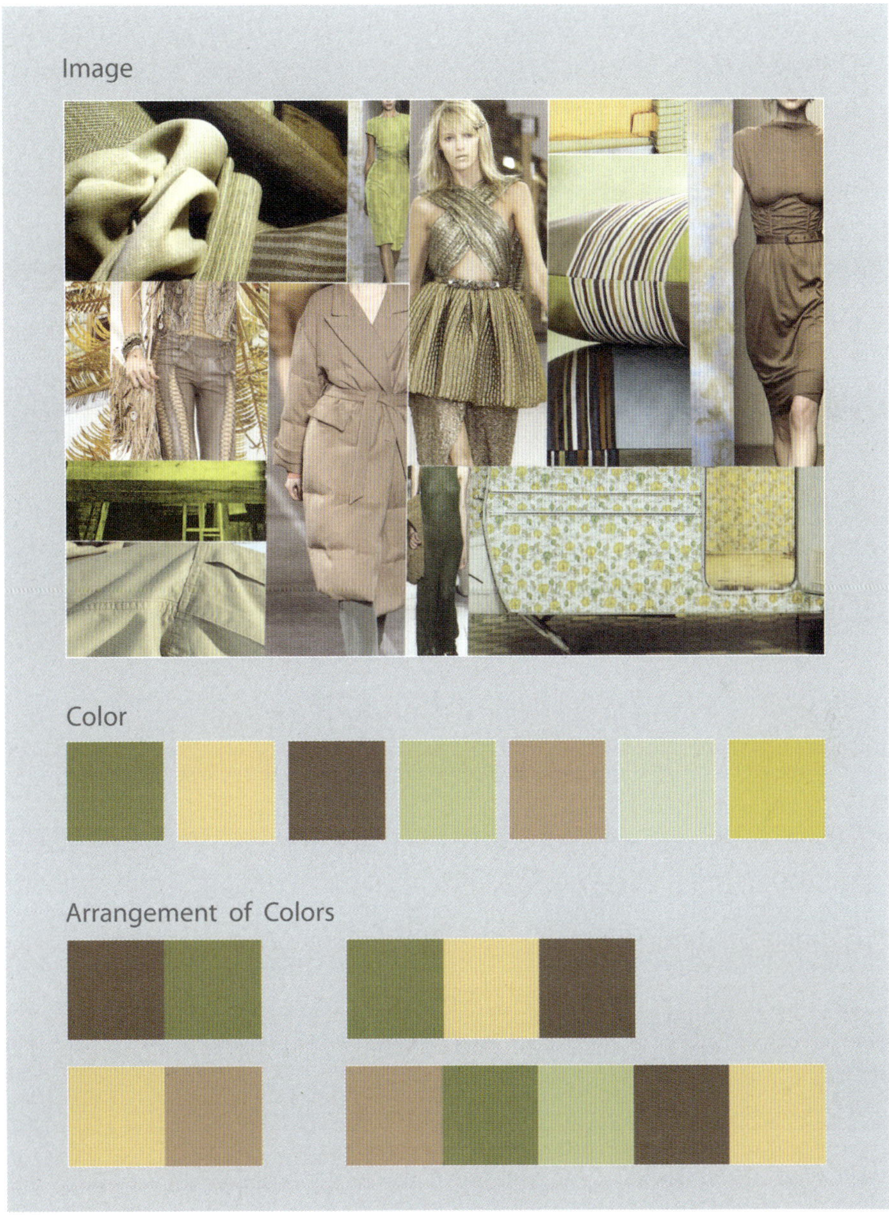

배용진 외 3인, "패션&뷰티 코디네이션을 위한 색채 15강", 2018.

(5) 엘레강스 / 내추럴 / 클래식 이미지

저채도의 그레이쉬grayish, 라이트 그레이쉬 톤light grayish tone이 주조를 이룬다.

콘셉트 : 단정한, 가지런한, 정돈된, 그윽한, 심플한, 단순한, 정적인

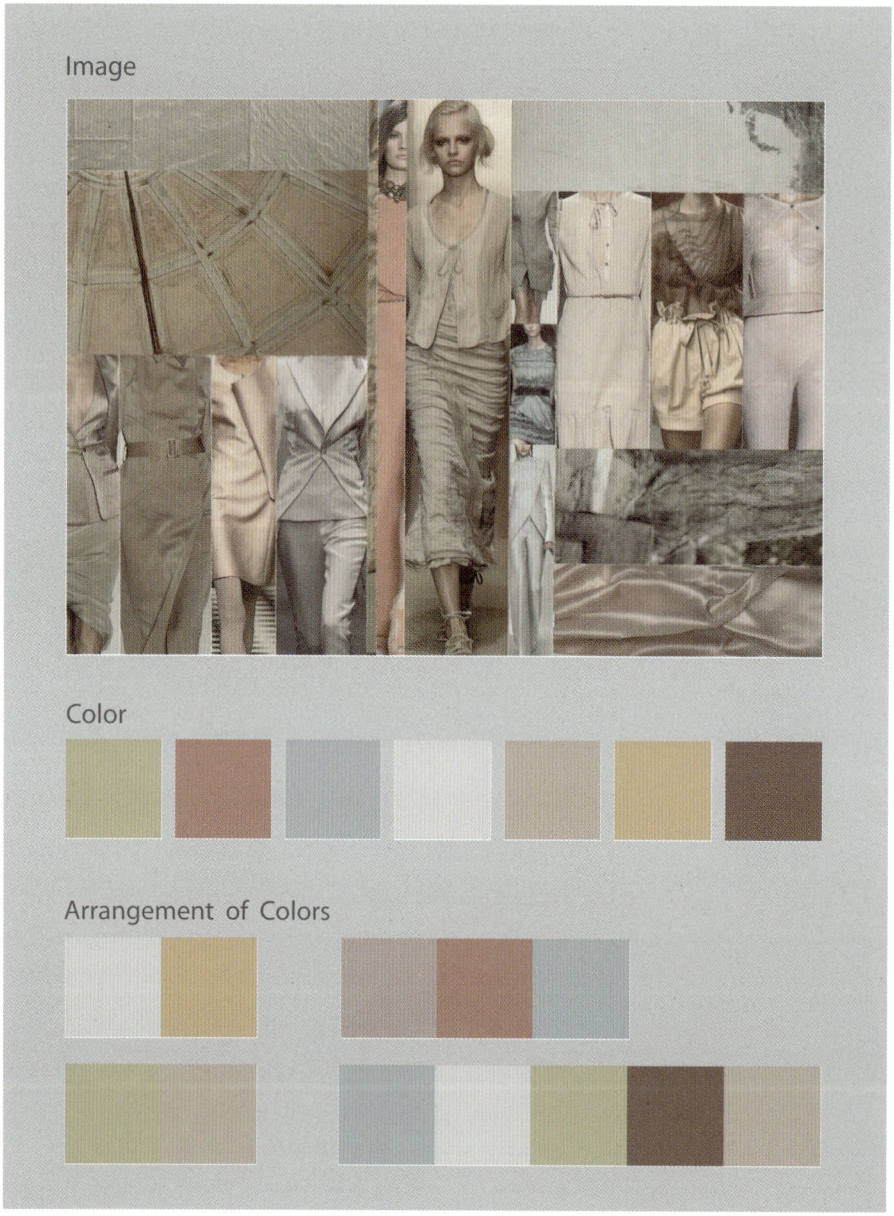

배용진 외 3인, "패션&뷰티 코디네이션을 위한 색채 15강", 2018.

(6) 소피스티케이티드 / 매니시 / 클래식 / 포스트 모던 이미지

저명도 중채도의 한색 계열과 무채색이 주조를 이룬다.

콘셉트 : 인공적인, 하이테크한, 실용적인, 도시적인, 남성적인, 딱딱한, 견고한

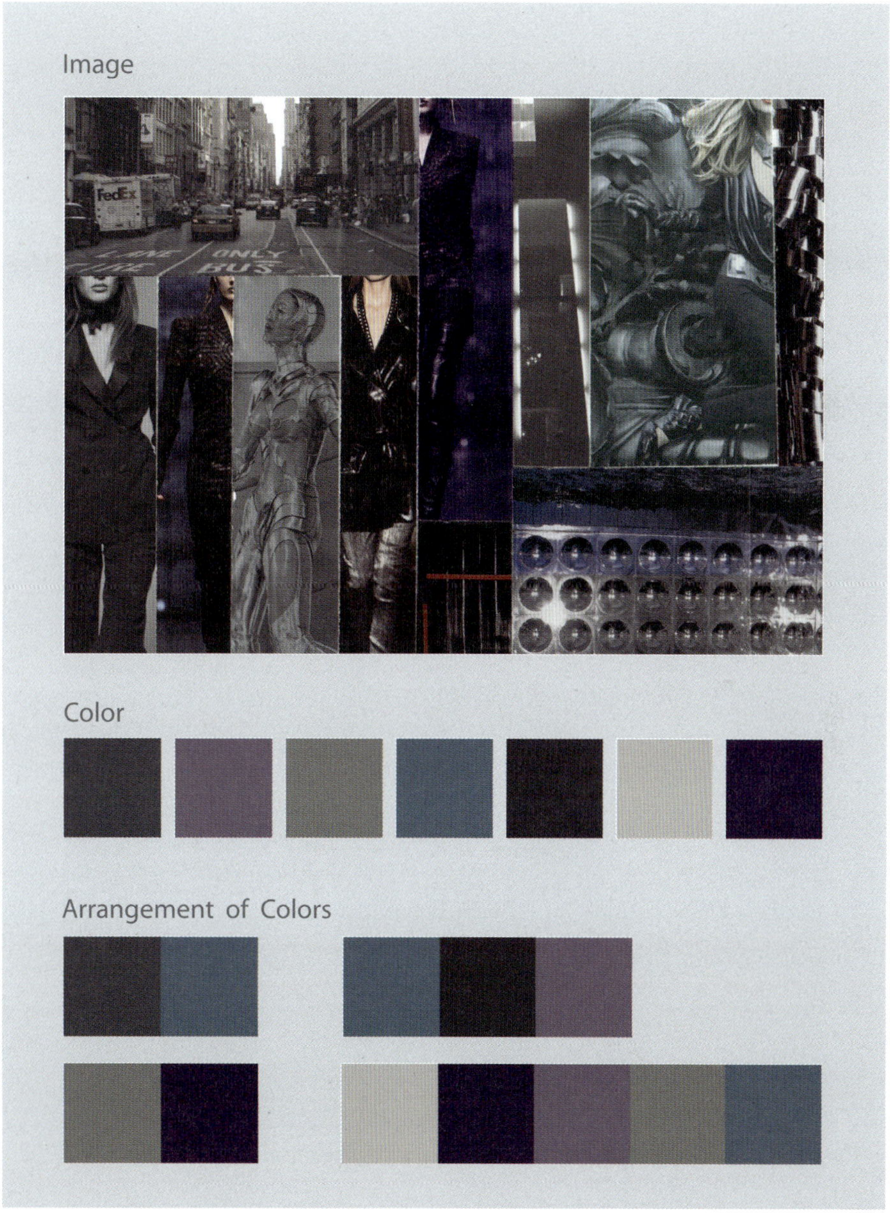

배용진 외 3인, "패션&뷰티 코디네이션을 위한 색채 15강", 2018.

(7) 클래식 / 매니시 이미지

덜dull, 다크 톤dark tone이 주조를 이룬다.

콘셉트 : 고급스러운, 세련된, 보수적인, 전통적인, 지적인, 품위 있는, 격식 있는

배용진 외 3인, "패션&뷰티 코디네이션을 위한 색채 15강", 2018.

(8) 컬러 이미지 스케일Color Image Scale

• IRI 이미지 스케일

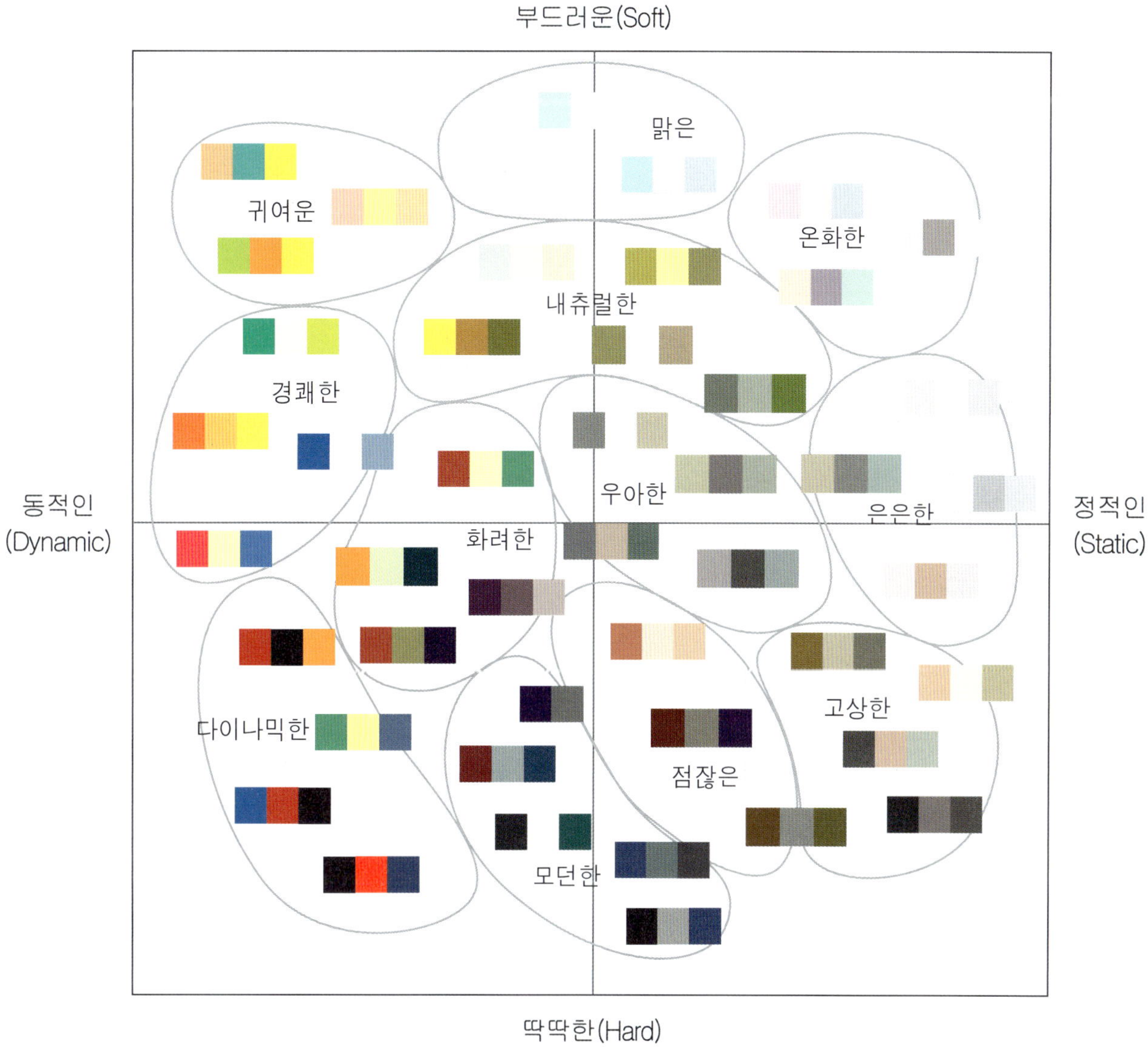

배용진 외 3인, "패션&뷰티 코디네이션을 위한 색채 15강", 2018.

'컬러 이미지 스케일'이란 색채가 가지고 있는 '이미지에서 느껴지는 심리'를 바탕으로 '감성을 구분하는 기준'을 만든 객관적 통계로 디자인에 총체적 의미를 부여하는 '시스템'이며 '감각과 과학'을 결합시킨 방법이다.

색채의 심리적 감성을 분석하고 구분하는 기준 메트릭스matrix

Chapter 8
트렌드 메이크업

1. 내추럴 메이크업
2. 미니멀 메이크업
3. 스모키 메이크업
4. 달리 메이크업
5. 레트로 메이크업
6. 글래머러스/럭셔리 메이크업
7. 퓨처리즘/사이버 메이크업
8. 질감강조 메이크업

Chapter 8

트렌드Trend 메이크업

각 시대별 사회, 문화적 배경과 제반 요인 등의 영향을 받아 지속적으로 변하는 메이크업 경향을 말하며, 최근에 가장 대중에게 어필되어 일반 여성들에게 전파된 메이크업 패턴들을 말한다.

1. 내추럴 메이크업Natural Make up

내추럴natural이란 '자연의, 천연의, 가공하지 않은'의 뜻으로 내추럴 메이크업이란 인위적인 테크닉보다는 얼굴 형태나 피부 톤, 결점 등을 완벽하게 커버하지 않는 자연스러운 메이크업이다.

얼굴 모양이나 피부의 질감을 살리면서 가장 자연스럽게 보이게 하기 위한 메이크업으로서 가장 기본적인 화장법을 말한다. 이 화장법은 피부의 아름다움, 자연스럽고 입체감이 있는 눈, 혈색이 좋은 입술 등 건강한 이미지를 강조한다.

메이크업 제품의 양이나 색상을 절제하여 자연스러운 명암과 윤곽을 주는 결과를 연출하며 부드럽고 신선한 이미지를 전달하는 기본 메이크업이면서 지속적으로 인기있는 메이크업 중 하나이다.

① 피부표현Base Make up

피부색과 유사한 색의 리퀴드 파운데이션이나 크림 파운데이션 모두 사용 가능하지만 소량으로 피부 톤을 고르게 보이도록 펴 바르고 다크 서클을 얇게 커버한 후 파운데이션 색이 그대로 유지되는 투명 파우더로 유분기를 제거한다.

자연스런 음영을 주기 위해 파운데이션이나 파우더를 이용하여 얼굴 형태를 보완하는 하이라이트와 셰이딩을 그라데이션 시킨다.

② 눈썹Eyebrow

아이섀도나 아이브로 케이크로 브라운이나 웜 그레이 등 모발 색상과 유사한 색으로 선택 혼합하여 눈썹 결을 살리면서 자연스럽게 그린다.

③ 눈Eye

베이지, 살구, 웜 핑크 등 피부색과 유사한 색상의 페일·라이트톤 컬러들을 메인컬러로 사용하고, 아이보리 색상을 하이라이트로 사용하며 부은 눈은 아이홀 부위에 동일 색상의 약간 어두운 색조로 터치한다. 포인트는 다크 브라운이나 웜 그레이로 터치한다.

아이라인은 크레용 펜슬 블랙이나 브라운을 사용하여 속눈썹 사이사이를 메우듯이 터치한 후 유사색의 아이섀도로 그라데이션한다. 블랙이나 브라운 마스카라를 사용하여 속눈썹을 풍성하게 함으로써 눈매를 자연스럽게 또렷하도록 만든다.

④ 볼Cheek

자연스러운 메이크업의 특징을 살려 최소량으로 표현하여야 하므로 연한 핑크, 피치, 베이지, 미디움 브라운 색상을 사용하여 얼굴형을 수정·보완하는 방향으로 가볍게 그라데이션한다. 결과적으로 건강하고 자연스럽게 홍조를 띄도록 하며 약하게 윤곽수정이 되도록 한다.

⑤ 입술Lip

모델 원래의 입술색을 유지하는 것이 자연스러우므로 립 라이너와 립 컬러를 본래 입술색과 유사하며 옅은 색으로 선택하는데 미디움 브라운, 웜 핑크, 오렌지빛 베이지 등이 어울린다.

2. 미니멀 메이크업Minimal Make up

'최소한의' 라는 의미의 미니멀minimal과 주의ism를 결합한 '미니멀리즘'은 2차 세계대전 후 1960~1970년대에 일어난 미술 운동으로, 단순함과 간결함을 추구한 움직임이다. 이는 기교를 최소화하여 사물의 기본을 표현할 때, 대상의 고유한 성질 즉 본질을 구현할 수 있다는 것이 기본 전제이다. 미술에서 시작된 미니멀리즘은 이후 패션·뷰티 분야에까지 확산되었다. 메이크업에서는 화려하거나 기교를 부리지 않은 절제된 메이크업의 유형이다.

FRANCESCA TOLOT 〈ONE WOMAN 100 FACE〉, Goodman

Vogue, 2019,12월호(독일)

Vogue, 2019, 11월호(영국)

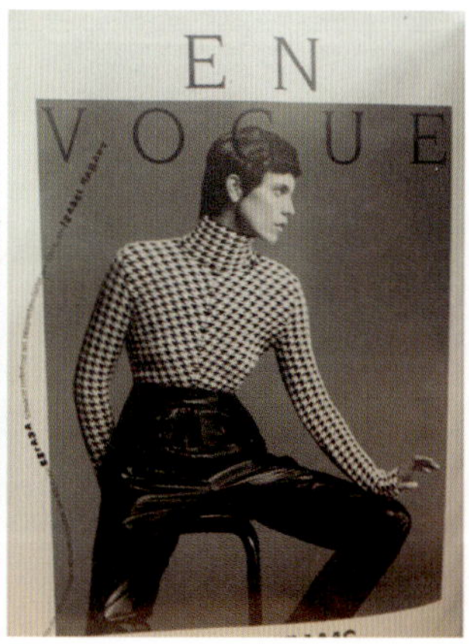

Vogue, 2019, 12월호(독일)

Vogue, 2019, 11월호(프랑스)

① 피부표현Base Make up

리퀴드 파운데이션이나 크림 파운데이션으로 가볍고 투명하게 표현한 후 소량의 투명 파우더를 브러시로 바른다. 파운데이션의 양을 절제해야 하는 만큼 컨실러나 메이크업 베이스로 피부의 잡티나 색 보정을 꼼꼼히 해주어야 한다.

② 눈썹Eyebrow

눈썹 형태를 수정하거나 과장해 그리기 보다는 눈썹결과 숱 정리를 완벽하게 한 후, 부족한 부분만 채워 주도록 한다. 숱이 너무 적은 경우에는 얼굴형을 고려해 자연스레 그려주며, 회갈색의 색상이 무난하다.

③ 눈Eye

피부 톤을 고려하고 의상 색과 조화가 되는 색을 선택해 자연스럽게 펴 바르되 2차, 3차색 등을 혼용해 눈이 너무 무거워 보이지 않도록 한다. 눈두덩이의 전체면 보다 쌍꺼풀이 진 부위에만 아이섀도를 자연스럽게 펴 바른다. 아이보리나 핑크 베이지, 코럴 베이지 계열의 색상이 무난하다.

④ 볼Cheek

약간의 혈색만을 부여해야 하므로 크림 타입의 핑크 계열의 치크 제품으로 살짝 그라데이션 시키거나 파우더로 마무리하되 지나친 윤곽 수정이나 셰이딩은 피한다.

⑤ 입술Lip

핑크 브라운이나 엷은 산호색, 엷은 코코아 색 등으로 입술면 전체에 바른 후 립 글로스만을 바르고 립 라인의 강조를 하지 않는다.

⑥ 의상

심플하고 절제된 선의 클래식 정장이나 세미 캐주얼 룩, 밀리터리 룩, 매니시 룩 등의 의상이 어울린다.

3. 스모키 메이크업Smoky Make up

스모키smoky 메이크업은 도발적이고 섹시한 느낌을 살리며 눈매를 고혹적이고 깊게 하는 메이크업이다. 자신의 피부 톤보다 한 톤 어둡게 표현하고 눈썹은 회색 톤으로 가볍게 그려 주며 아이라이너는 얇게 그린다.

립lip은 진하게 표현하지 않으며 옅은 브라운 계통으로 바른다. 스모키 메이크업은 무엇보다 눈이 강조된 메이크업이기 때문에 마스카라를 눈썹에 그윽하게 잘 펴 바른다.

① 피부표현Base Make up

피부색보다 한 톤 어두운 색의 리퀴드 파운데이션이나 크림 파운데이션으로 골고루 잘 펴 발라 피부 톤을 통일시킨다. 파우더는 파운데이션 색이 그대로 유지되는 투명 파우더가 무난하고, 조금 어둡게 피부표현을 하여 건강한 느낌을 살린다.

② 눈썹Eyebrow

눈썹은 머리색상과 동일한 색상의 섀도로 그리거나 엷은 회색이나 갈색 연필로 그린 후 아이섀도로 다시 한 번 마무리한다. 자신의 눈썹을 살리면서 기본형에 가까운 형태나 상승형으로 그린다.

③ 눈Eye

아이섀도 색상은 카키나 브라운의 다크한 색조를 사용하여 그라데이션함으로써 강하고 진한 눈매를 연출한다. 눈 끝의 포인트는 회색 또는 갈색으로 악센트를 주어 눈매를 두드러지게 만든다. 아이라인은 되도록 얇게 그리고 속눈썹은 마스카라를 반복해서 발라 줌으로써 연출되는 길고 우아한 속눈썹이 좋다.

④ 볼Cheek

가볍게 약간 어두운 색으로 셰이딩shading 한다.

⑤ 입술Lip

진하지 않은 옅은 브라운 계통을 바른다.

4. 달리 메이크업Dolly Make up

달리Dolly 메이크업은 1959년에 만들어진 바비 인형Barbie doll의 선풍적인 인기에 힘 입어 인형 같은 메이크업으로 영화나 뮤지컬에 사용될 수 있는 캐릭터의 성격을 잘 살릴 수 있는 메이크업을 의미한다. 로맨틱하면서 달콤한 꿈 많은 소녀의 이미지로 파스텔 톤의 부드러운 메이크업으로 연출한다.

① 피부표현Base Make up

자연스런 피부색보다 한 단계 밝은 색을 사용하여 표현하고, 파우더는 소량만 사용한다.

② 눈썹Eyebrow

기초 메이크업을 하기 전에 왁스wax 또는 비누, 스프릿검spritgum 등을 사용하여 눈썹을 붙인 후 파운데이션을 펴 발라 눈썹을 없앤다.

③ 눈Eye

오렌지, 브라운 컬러로 아이리드 전체에 펴바른 후 아이홀에 그레이 칼라를 이용하여 인위적으로 홀 라인을 그린다.

④ 볼Cheek

광대뼈를 감싸듯이 사선으로 펴 바른다.

⑤ 입술Lip

헤어 컬러나 의상 컬러에 맞추어 입술을 아웃 커브로 그린다.

5. 레트로 메이크업Retro Make up

레트로retro 메이크업이란, 최신 유행하는 트렌디한 메이크업이 아닌 이미 '지나간 어느 특정 시대의 이미지를 환기'시키거나 패러디한 시대 메이크업을 말한다.

스킨 톤이나 질감, 베이스, 포인트 색조 메이크업은 유행되었던 해당 시기에 맞게 혹은 현시대의 유행 패턴과 트렌드 컬러를 반영하거나 재해석 하여 리믹스할 수 있는데, 이를 '뉴트로newtro 스타일'새로운new와 복고retro를 합친 신조어로 복고를 새롭게 즐기는 경향이라 부른다.

1960, 70년대 히피hippie 룩, 1970년대 펑크punk 룩, 1980년대 그런지grunge 룩, 1980년대 글램glamourous 룩, 1980년대 네오 히피neo hippie 룩, 1990년대 여피yuppie 룩 등을 말한다.

1960년대의 변형

1990년대의 변형

1960년대의 변형

1950년대의 변형

FRANCESCA TOLOT(2013), 〈ONE WOMAN 100 FACE〉, Goodman

Vogue, 2019, 12 월호(독일)

Vogue, 2019, 12 월호(독일)

Elle, 2019, 12월호(미국)

6. 글래머러스Glamorous / 럭셔리Luxury 메이크업

'화려한, 매력이 넘치는, 호화로운'이란 뜻으로서 여성적인 성적 매력이 강조되면서 여유 있어 보이는 메이크업 이미지를 말한다.

색감이나 질감 등을 강조하거나 풍부하게 표현함으로써 성숙하고 섹시한 여성적 이미지를 풍기며 사선이나 직선 형태보다는 완만한 곡선형으로 표현한다.

FRANCESCA TOLOT(2013), 〈ONE WOMAN 100 FACE〉, Goodman

Elle, 2019, 12월호(미국)

Vogue, 2019, 12월호(영국)

① 피부표현Base Make up

글로시한 피부 질감 표현을 위해 에센스나 메이크업 베이스를 크림 파운데이션과 혼합하거나 리퀴드 파운데이션에 골드 펄 파우더를 약간 섞은 후, 패팅patting 기법으로 펴 발라 줌으로써 쉬머한 질감으로 표현할 수 있다.

파우더는 투명 파우더를 사용해 뭉치지 않도록 최대한 적은 양을 바른다.

② 눈썹Eyebrow

브라운이나 회갈색으로 부드러운 형태로 그리거나 아이섀도로 메워 주되, 회색은 가급적 사용하지 않는다.

③ 눈Eye

베이지, 샴페인 베이지, 골드 펄, 카키와 골드, 골드와 브라운, 골드와 와인 등 화려한 색감의 2가지 이상의 색을 잘 혼합시켜 펴 바른다.

에쉬 브라운ash brown과 골드를 사용해 인조 아이 홀 기법으로 눈매를 표현할 수도 있다.

의상이 강렬한 유채색일 경우에는 의상 색 중 한 개의 색을 메인 컬러로 지정하여 포인트를 줄 수도 있다.

인조 속눈썹은 다소 숱이 많고 긴 것을 선택한다.

④ 볼Cheek

베이지 브라운이나 오클 계열의 치크 제품으로 얼굴형을 수정하면서 터치해 주고, T존에 하이라이트를 한 번 더 준 다음, 얼굴 외곽은 셰이딩 처리해서 얼굴의 윤곽과 입체감을 잘 살린다.

⑤ 입술Lip

골드 펄이 함유된 베이지 브라운 계열의 립스틱을 바른 후, 약간의 립 글로스로 마무리하거나 버켄디 브라운 계열로 바른 후 밝은 골드로 하이라이트를 줄 수도 있다. 의상 중 상의색에 맞춰 색상을 응용할 수도 있다.

입술 산이나 구각의 선을 강조하지 말고 부드러운 곡선의 형태로 자연스레 그리거나 립 볼륨감을 살려 약간 아웃 커브out curve 형태로 그릴 수도 있다.

⑥ 의상

모피나 가죽, 고급 소재의 재킷, 화려한 구슬이 달린 드레스, 화려한 색상의 블라우스 등이 어울린다.

7. 퓨처리즘Futurism / 사이버Cyber 메이크업

퓨처리즘은 '레트로retro'와는 상반되는 미래지향적인 이미지의 메이크업으로 상상력을 반영한 차갑거나 딱딱함, 날카로움 등의 느낌을 살려 디자인 할 수 있다.

사이버란, 사이버네틱스cybernetics의 약어로 통신과학, 기계와 동물의 통제, 인공두뇌학 등의 의미를 지녔으며, 인간적이고 자연스러운 이미지와는 달리 기계적, 딱딱하고 차가운 이미지를 표현하는 메이크업을 가리키는 말이다.

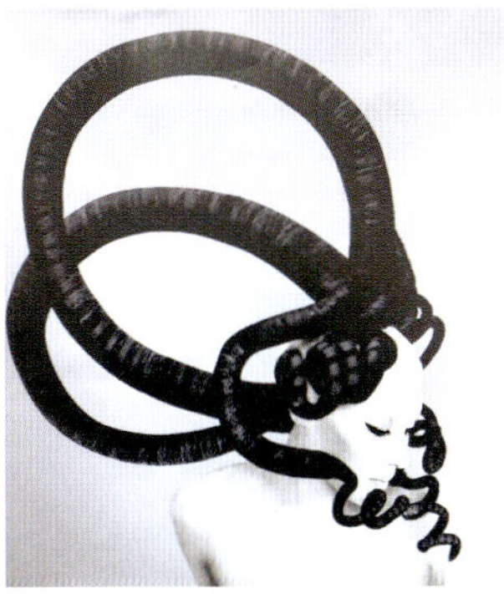

FRANCESCA TOLOT(2013), 〈ONE WOMAN 100 FACE〉, Goodman

① 피부표현Base Make up

펄 질감보다 더 강한 금속의 느낌을 살려 더 차갑고 인위적으로 보인다. 핑크 계열의 파운데이션과 실버 펄 파우더를 적정 비율로 섞은 후 스펀지로 패팅시키면서 바른다.

② 눈썹Eyebrow

눈썹 산을 살려 샤프하게 그려 주고 눈썹 꼬리도 확실히 표현한다. 색상으로는 회색이나 블랙 그레이가 적당하되 갈색은 적합하지 않다.

③ 눈Eye

화이트 펄로 베이스를 깔아준 다음, 블루 그레이나 블루 퍼플, 청보라 등으로 덧바른 후, 언더 아이라인에도 칠한다.

④ 볼Cheek

핑크 계열의 치크를 바르되 오렌지나 브라운은 적합하지 않다.

⑤ 입술Lip

핑크, 글리터 립스틱을 바른 후, 실버 글리터로 하이라이트를 준다.

⑥ 의상

메탈릭하고 샤이니한 소재의 재킷이나 롱 코트, 베스트 등으로 직선적인 심플한 디자인이 좋다.

8. 질감강조 메이크업Texture Make up

2000년대 이후 건강을 중시하고 개인의 여유로운 심리적 안정을 중시하는 웰빙well-being 트렌드의 영향을 받아 메이크업 경향 또한 '색감보다는 베이스 메이크업의 피부 질감 표현'에 관심을 갖게 되었다. 그로 인해 점차 기초 화장의 중요성과 다양한 자연성분의 화장품이 인기를 끌고 있다.

특히 2000년대 중반 이후부터는 피부 질감 표현법의 다양하인 개성이 부각되는 시기로서 새로운 메이크업 패턴의 신조어가 생기기도 하였으며 화장품 산업의 발전과 제조 기술의 발달에 힘입어 더욱 가속화되었다.

'물광 메이크업', '도자기 결 메이크업', '빛 메이크업' 은 자연스러우면서도 결점 없는 피부 표현이 특징으로 현재 메이크업 트렌드인 '피부 질감을 강조하는 메이크업'이라는 공통점이 있다.

Glossy+Greasy Shimmering

FRANCESCA TOLOT(2013), 〈ONE WOMAN 100 FACE〉, Goodman

(1) 글로시 메이크업Glossy Make up

글로시glossy란 '광택이 있는', '윤이 나는', '반들거림'의 뜻으로 메이크업의 질감 중 매트mat와 반대되는 이미지를 말한다. '물광 메이크업'으로도 불리어지고 있다. 이는 물처럼 촉촉하고 반짝이는 메이크업으로 스킨케어 단계에서부터 피부의 보습과 촉촉함을 살리고 피부 커버 과정파운데이션과 컨실러에서 수분이 풍부한 제품을 사용하여 피부의 결점을 보완하고 파우더 하이라이터, 파우더 등의 마무리 단계에서 윤기를 더해 피부와 얼굴 윤곽에 하이라이트를 주는 메이크업을 말한다.

즉, 투명 메이크업보다 얼굴의 마무리와 피부 질감 및 입체감 표현을 더욱 강조한 화장법으로서 피부의 기본 상태와 원래 피부의 중요성을 강조한다. 얼굴의 수분감을 강조해 주며 파운데이션의 톤이나 양 조절, 유형의 적절한 선택과 특성에 맞는 사용법을 활용하는 것이 중요하다.

① 피부표현Base Make up

피부 질감은 광택이 있으면서도 깨끗해야 하고 너무 두터운 파운데이션을 발라 답답하거나 매트한 느낌이 되어서는 안 된다. 펄이 함유된 메이크업 베이스를 바른 후 리퀴드 파운데이션을 바른다. 리퀴드나 크림 파운데이션을 펴 바른 후, 파우더를 살짝만 입힌다.

② 눈썹Eyebrow

자연스러운 피부 질감 표현이 포인트이므로 얼굴의 각 부위가 부각되는 것보다는 평범한 강도와 스타일로 그린다.

③ 눈Eye

진하고 탁한 색보다는 펄이 들어간 파조의 핑크나 오렌지 브라운 등으로 가볍게 펴 발라준 다음, 포인트 컬러는 부각시키지 않도록 한다.

④ 볼Cheek

크림타입의 엷은 산호색이나 핑크 펄 치크 블러셔 제품으로 가볍게 바른다.

⑤ 입술Lip

펄과 글로시 질감의 립스틱이나 립 글로스를 발라서 광택과 촉촉함을 부각시킨다. 윤곽선을 강조하지 말고 그대로 입술 표면에 가볍게 바른다.

(2) 시머 메이크업Shimmer Make up

시머는 '반짝이다'라는 뜻으로 화장품 중에 펄이 함유되어 있어서 은은한 반짝임을 주는 메이크업으로 특별한 날에 화려하고 신비로운 분위기를 연출하는데 알맞은 메이크업이다. 섬세한 피부 표현으로 메이크업의 포인트는 입체적이면서도 화려한 메이크업이다.

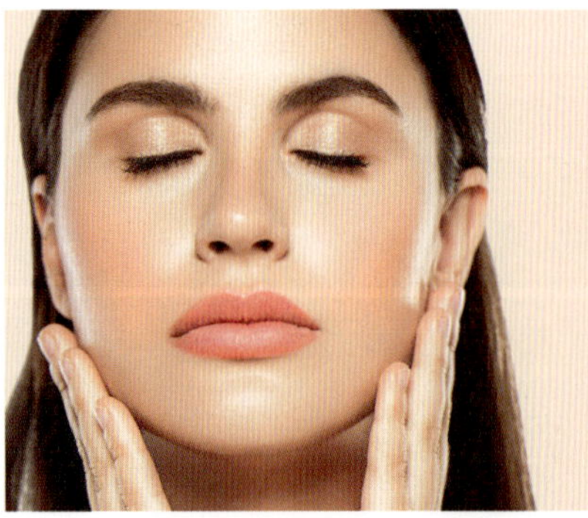

① 피부표현Base Make up

피부 질감은 일단은 광택이 있으면서도 깨끗해야 하고 너무 두터운 파운데이션을 발라 답답하거나 매트한 느낌이 되어서는 안 된다. 펄 입자가 함유된 광택있는 메이크업 베이스를 바른 후에 소량의 리퀴드 파운데이션과 펄이 함유된 파우더를 바른다. 금·은빛의 펄 광택을 부각시키고자 할 경우에는 리퀴드 파운데이션에 금빛, 펄 파우더나 은빛 펄 파우더를 적정 비율로 혼합해 얇게 펴 바른다.

② 눈썹Eyebrow

눈썹의 형태와 윤곽은 부각시키거나 강조하지 않도록 평범한 스타일로 표현한다.

③ 눈Eye

피부의 질감과 유사하도록 펄이 함유된 펄 아이섀도나 크림 타입의 섀도를 눈두덩이 전체에 고루 펴 발라 준 다음 포인트 컬러 또한 펄이 들어간 아이섀도를 각 톤 별로 그라데이션하여 펴 바른다.

진하고 탁한 색보다는 펄이 들어간 흰색, 골드, 파스텔 색조의 핑크나 오렌지 브라운 등으로 가볍게 펴 발라 주거나 경우에 따라서는 카키 브라운이나 다크 퍼플 등의 세련되고 관능적인 색감을 사용할 수도 있다. 실버 펄 사용 시 회청색, 청보라 등의 펄 아이섀도를 발라 주며 골드 펄 사용 시 브론즈, 갈색, 오렌지 브라운 등의 펄 아이섀도를 바른다.

④ 볼Cheek

크림타입의 엷은 산호색이나 핑크 펄 치크 블러셔 제품으로 가볍게 바른다.

⑤ 입술Lip

펄과 글리터 질감의 립 화장품을 충분히 입술에 덧발라 광택과 촉촉함을 표현하며 입술의 볼륨감과 입체감을 부각시킨다.

(3) 실키 메이크업Silky Make up

실키 메이크업은 실크같이 부드러운 질감의 메이크업으로 마치 빛을 받은 실크의 '부드럽고 완벽한 질감'의 느낌을 주는 화장법이다. 자연스러우며 보송한 메이크업으로 한층 더 커버력과 볼륨감을 강조한 화장법이다. 글로시한 피부 표현이 아닌 정교한 피부 표현과 펄이 적절히 가미되어 윤곽을 또렷이 부각시키는 것이 특징이다.

① 피부표현Base Make up

피부 질감은 프라이머 제품의 베이스를 발라 피부요철이나 모공을 메워 피부결을 최대한 매끈하게 표현하며 커버력이 있는 크림 파운데이션을 이용하여 얇으면서도 꼼꼼하게 잡티를 커버한 후, 파우더를 브러쉬로 가볍게 발라 자연스럽고 보송한 이미지로 표현한다.

② 눈썹Eyebrow

눈썹의 형태와 윤곽을 강조하지 않도록 부드러운 갈색으로 자연스럽게 표현한다.

③ 눈Eye

펄이 약간만 함유된 피치색의 아이섀도를 눈두덩이 전체에 연하고 가볍게 펴 발라 준 다음 포인트 컬러로 엷은 브라운 아이섀도도 펴 바른다. 겔 또는 리퀴드 아이라이너를 이용하여 깔끔하고 또렷한 눈매를 표현한다.

④ 볼Cheek

엷은 산호색이나 핑크톤으로 가볍고 부드럽게 펴 바른다.

⑤ 입술Lip

오렌지 레드 또는 핑크 레드 색의 립스틱을 이용하여 전체적으로 가볍게 발라주고 입술 안쪽에 한 톤 진한 컬러를 발라 주어 자연스럽고 사랑스러운 이미지로 표현한다.

(4) 메탈릭 메이크업Metallic Make-up

메탈릭metallic 메이크업은 금속적인 성분의 요소가 강한 메이크업이다. 시각적으로는 골드gold, 실버silver, 쿠퍼copper의 화려하면서도 활기찬 역동적인 느낌으로 미래 지향적인 이미지이다. 사이버틱한 메이크업과 유사하면서 피부 톤에 맞추어 다양한 이미지를 연출한다.

골드가 가진 따뜻한 느낌의 건강함과 과거를 회고할 수 있는 인간적인 색과 더불어 기계적이고 현대적인 차갑고 냉정한 색의 실버 느낌으로 포스트 모더니즘의 다양성이 공존하는 메이크업이다. 얼굴에 조명을 켠 듯 광光이 도는 베이스는 메탈릭 메이크업의 기본이다. 글로시한 베이스는 피부 전체가 보석처럼 반짝이기 때문에 건강미 있는 연출이 가능하다. 이때 건강해 보이는 느낌으로 연출하고 싶다면 피부 톤이 너무 밝은 것보다는 살짝 태운 듯 어두운 컬러로 연출하는 것이 좋다.

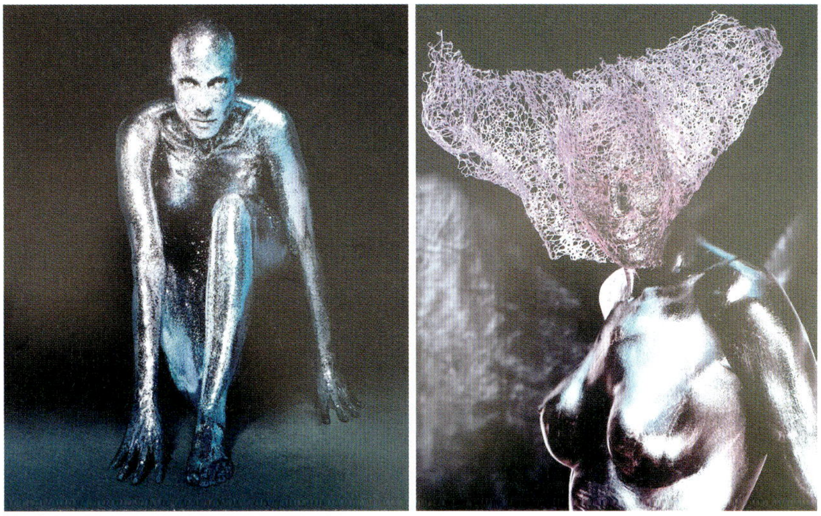

① 피부표현Base Make up

펄 입자가 함유된 광택 있는 메이크업 베이스를 전체적으로 바른 후에 리퀴드나 크림 파운데이션과 펄이 함유된 파우더로 최대한 얇게 펴 바른다. 얼굴에 빛이 닿았을 때 가장 밝은 부분을 하이라이터로 강조하는 것이 중요하다. 특히 얼굴에서 가장 볼록한 이마, 광대, 콧대, 그리고 턱까지 하이라이터로 반짝이는 느낌을 줌으로써 얼굴의 입체감을 살리는 것이 좋다.

② 눈썹Eyebrow

회갈색이나 검정으로 자연스럽게 눈썹의 형태와 윤곽을 강조하여 약간 길게 표현한다.

③ 눈Eye

펄이 가미된 브라운 또는 블루 계열로 색상을 강조하여 눈매를 표현하며 메탈릭한 느낌을 주기 위해서 포인트에 펄을 바른다. 강한 반짝이 느낌을 연출할 경우 입자가 굵은 골드 펄을 사용한다. 골드를 단독으로 이용해 마스카라로 눈매를 강조하는 것도 좋다.

④ 볼Cheek

브론즈 계열이나 오렌지브라운으로 개성 있게 표현한다.

⑤ 입술Lip

핑크베이지 색 또는 차가운 톤의 립스틱을 이용하여 전체적으로 발라 주고 포인트로 골드펄이나 화이트펄을 이용하여 강하고 개성 있는 이미지로 표현한다.

Chapter 9
미디어 메이크업의 이해

1. 미디어 개념과 유형
2. 영상 미디어의 이해
3. 영상 메이크업의 개념
4. 영상 메이크업의 특징
5. 영상 메이크업의 역할
6. 영상 메이크업의 순서와 방법
7. TV 프로그램 제작 과정
8. 제작 스태프와 크루

Chapter 9

미디어 메이크업의 이해

1. 미디어Media 개념과 유형

(1) 미디어

'정보를 전달하는 매체媒體'를 말하는 것으로 우편, 전보, 신문, 잡지 등이 해당된다(정보통신 용어사전).

최근에는 텔레비전, 전자우편, 케이블 텔레비전 이외에 You tube, SNS 등의 새로운 마디어가 등장하여 정보와 지식, 문화 예술 콘텐츠와 소통공유 방식에 급격한 변화가 이루어지고 있다.

미디어 관련 용어로는 '방송 미디어', '매스 미디어', '멀티 미디어', '디지털 미디어', '소셜 미디어' 등이 있다.

(2) 미디어의 유형 분류

미디어 메이크업을 하기 위해서는 먼저 메이크업과 미디어 유형을 이해해야 한다.

메이크업 유형 분류는 크게 다음 3가지로 나뉘며 미디어 유형별 메이크업 구분은 다음과 같다.

메이크업 3 유형

- 뷰티 메이크업: 웨딩 신부 화장, 패션 화보, 증명 사진, 면접 화장 등
- 캐릭터 메이크업: 드라마 분장, 노역 분장, 상처 분장, 사극 분장 등
- 아트 메이크업: 환타지, 바디페인팅, 뷰티 아트

미디어 4 유형

- 인쇄 매체: 신문, 잡지, 전단지, 브로슈어, 카탈로그
- 영상 매체전파, 시청각 매체: TV, 영화, CF
- 무대: 연극, 뮤지컬, 오페라, 창극, 패션쇼, 발표회 등
- 뉴 미디어: 모바일, 위성, 인터넷, UCC, SNS

2. 영상 미디어의 이해

(1) 방송 편성

방송 편성編成이란, 방송을 기획하고 배열하는 작업을 말한다.

(2) 방송 프로그램

1) 프로그램의 장르별 유형대한민국 방송법 제1장제2조

방송 프로그램이란, 방송 편성의 단위가 되는 방송 내용물을 말하며, 프로그램의 목적과 제작 기법을 기준으로 분류가 가능하며 다음과 같다.

방송 목적에 따른 분류 – 보도와 교양, 드라마, 연예, 오락 프로그램

① 보도 프로그램: 보도, 해설, 논평

뉴스, 다큐멘터리, 스포츠 중계 등 즉시성이 강한 것이나 뉴스에 관한 기록물

② 교양 프로그램: 농어촌 프로그램, 종교, 건강, 식생활 취미 프로그램

지적 교양을 높이고 생활을 풍부하게 할 목적으로 만들어진 것

③ 교육 프로그램: 퀴즈, 어린이 프로그램

학교 교육의 일환으로 혹은 독학으로 공부하는 사람을 위해 커리큘럼을 만들고 방송하는 것

④ 연예, 오락 프로그램: 버라이어티 쇼, 코미디 쇼, 토크 쇼, 리얼리티 쇼

전통 예능의 드라마, 음악 등 가정에 오락을 제공할 목적으로 만들어지는 것

⑤ 드라마: 텔레비전에서 방송되는 극

⑥ 음악 프로그램: 대중가요, 클래식, 국악

⑦ 스포츠 프로그램: 현장중계, 인터뷰, 스포츠 교실, 실내경기

⑧ **기타 프로그램**: 기념식 실황, 기자회견, 시상식, 영화제

최근 방송 프로그램들은 장르 파괴와 장르 믹스를 거쳐 '장르 융합'이라는 개념으로 새로운 기획과 아이디어를 선보이고 있다.

2000년대 들어와서 방송 제작 현장에 속속 등장하는 신조어들도 단어의 융합 방식을 통해서 만들어지고 있으며, 2010년대 이후에 시청자들의 욕구와 기대, 미디어 산업의 변화와 신 미디어 등장에 따른 유저user들의 영향으로 '혼합 장르형'의 방송 프로그램들이 생기고 있다.

예를 들어, '인포테인먼트infortainment'는 정보와 오락을 함께 담아 내는 정보 오락 프로그램을 이르고, '에듀테인먼트edutainment'는 교육과 오락을 혼합한 교육 오락 프로그램을 말한다.

이찬우(2016)/심길중(1996), "텔레비전 제작론" 참고 재정리

3. 영상 메이크업의 개념

영상물에서는 출연자나 연기자의 분장한 얼굴이 카메라를 거쳐 화면에 나타나게 되며 영화나 텔레비전의 매체를 통해 내보이는 작품에 시술되는 메이크업을 '영상분장'이라고 한다.

영상 매체를 위한 분장은 '배우의 가장 필수적 의사전달 수단'으로서 관객들로 하여금 필요한 성격적 사실을 이해시키기 위한 배역의 '성격 창조'에 목표가 있으며, 대본에 나타난 인물의 여러 상황을 분석하여 배우의 외모를 바꾸어 내는 작업이다.

얼굴은 분장에 의해서 시대, 민족, 환경, 연령, 성격, 건강 등이 시각적으로 표현되고 피부색과 피부 상태의 유무에 따라 환경이나 직업, 건강 상태가 보여진다.

이처럼 분장은 영화에 등장하는 인물들이 스토리 전개에 따라 요구되어지는 특정 캐릭터를 보여 줄 수 있도록 해야 하며 나아가 그들의 심리적인 상태까지 보여준다. 역할에 맞는 분장으로 인해 얼굴의 인상은 캐릭터에 맞게 변형되며 바로 이미지와 연결된다. 이는 배우가 연기를 하는 대사의 텍스처적인 요소 이상의 의미를 갖는 중요한 커뮤니케이션이다.

4. 영상 메이크업의 특징

영상분장은 무대분장과 같이 무대에서 멀리 떨어져 있는 관객을 대상으로 하지 않고 '색에 민감한 카메라의 렌즈'를 대상으로 하는 분장이 되어야 하므로 훨씬 '사실적이고 섬세하게' 이루어져야 하며, 연기자의 모습이 화면에 자연스레 보여져야 하고 시청자들이 그 분장에 공감할 수 있어야 한다.

(1) 무대 분장

공연장(객석 수와 공연장 규모, 무대와 객석과의 공간적 거리감)을 먼저 파악하고 조명을 고려해야 한다.

가장 먼저 배우의 피부 표현 시, 파운데이션의 톤은 베이지 계열보다는 약간 붉은 계열이 바람직하다. 이는 강한 무대조명의 특성상 자칫 배우의 얼굴이 창백해 보일 수 있음을 감안한 것이다.

다음 단계로는 극본이 요구하는 등장인물의 캐릭터를 잘 이해하고 효과적으로 전달, 표현하기 위한 분장을 디자인한다.

구체적으로 파운데이션의 커버력, 파우더 사용량, 노우스 섀도, 하이라이팅과 셰이딩, 인조 속눈썹 형태, 인조 아이홀, 립 라이닝, 넓은 영역의 치크 블러셔 블렌딩 등이 공연이나 연극의 작품 특징(시대적 배경, 무대 공연의 장르, 국적이나 캐릭터)을 반영한 분장 디자인이 될 것이다.

이외에도 공연 장소나 극장의 규모 등 요인으로 인해 분장 디자인은 달라지게 된다.

오인영, 임유경(2011), 무대와 영상을 위한 캐릭터 메이크업 디자인(훈민사)

(2) 영상 분장

조명으로 인한 얼굴의 브라운관 반사유분과 피지, 땀 등 현상을 방지함으로써 출연자연기자의 얼굴 윤곽과 이목구비를 뚜렷이 전달하기 위한 기본 분장straight make up, 맡은 배역과 역할에 맞는 성격 분장character make up을 하기 위함이다.

영상 브라운관, 영화 스크린의 '재현색육안색과 다른을 미리 염두'해 두고 스킨 톤과 질감을 선택해야 한다.색온도, 조명, 셋트, 의상색, 촬영장소 및 시간대 등을 고려

(3) 공연무대분장과 영상분장의 차이

대극장이나 중극장 '공연분장'은 배우의 '얼굴의 입체감'을 돋보이게 하기 위해 안면 윤곽이나 골격을 효과적으로 표현해야 하는 반면, 영상분장의 TV 출연자나 연기자를 위한 메이크업은 가장 먼저, '방송 프로그램 유형'을 고려해야 한다.

'보도와 교양' 방송 프로그램 출연자는 '사실감과 자연스러움'을 전달하기 위해, '드라마'의 경우에는 자연인이 아닌 극 중, 배역이나 역할에 어울리는 효과적인 '성격분장'을 하는 것을 말한다.

영화 영상 분장의 경우에도 장르에 따른 분장 디자인의 '리얼리티reality'와 강약, 정도가 결정되며 감독이나 연출자의 기획 의도, 주제, 주 시청자 연령대와 특징, 방송 시간대, 관람 등급 등이 고려사항이다.

작업환경이나 제작 환경 등에 대한 이해도 중요한 사항이다.

연극의 경우, 공연 일정이 제한되어 있으므로 순차적인 작업 일정, 스케줄 작업이 가능함에 반해, 영화와 드라마는 시청자, 관객들이 관람하게 될 순서와 다른 순서대로 촬영되는 경우가 대부분이다.그러므로 매 장면 촬영시, 앞과 뒤 씬scene 별 연결, 상황별 메이크업이나 분장 변동 사항 점검 등을 사진으로 촬영해두고 메모를 해둠으로써 관객이나 시청자들이 봤을 때 장면 전환에 따른 분장의 급격한 변화가 느껴지지 않도록 주의해야 한다.

TV 방송 드라마의 경우, 스튜디오 녹화와 야외촬영을 병행하는 것이 대부분이고 야외촬영 이후 방송국 스튜디오로 들어와서 남은 씬들을 녹화한다.

오인영(2019), "방송 영상 메이크업"(훈민사)

상업광고CF 메이크업시 고려 사항

- 판매 상품, 제품 특성과 용도, 주 소비자층 파악. 계절 감각, 트렌드, 소비 동향 이해

사진 촬영 메이크업시 고려 사항

- 조명과 메이크업과의 상관관계, 영향력, 앵글, 배경지 고려
- 모델의 매력 포인트, 의상과의 조화, 매체의 특징 고려

패션쇼 메이크업시 고려사항

- 디자이너의 패션 철학, 시즌별 트렌드, 의복 스타일과 이미지, 컬러 배색에 대한 전반적인 이해, 모델에 대한 이해, 무대 연출에 대한 이해조명, 동선, 음향 효과, BGM 등

5. 영상 메이크업의 역할

분장은 얼굴과 머리를 위주로 해서 인물의 성격 표현을 도와야 하며 의상, 장신구, 배경 세트, 소도구, 대도구 등과 조화를 이루도록 색채와 형태에 주의를 기울여야 한다.

특히, 극 중 스토리의 이해를 돕기 위해 분장의 역할이 더욱 중요시되는 '역사극'은 과거사 속의 캐릭터의 특징을 이끌어 내기 위한 매우 상징적인 작업을 통해 인물을 구축해 낼 수 있는 것이다.

캐릭터의 이미지를 시각화해주는 여러 가지 분장 디자인 요소와 스타일 요소들은 작품의 이해를 돕고 시청자와 관객이 작품에 몰입할 수 있게 해주는 중요한 요소라고 볼 수 있다.

TV 드라마와 영화에서 연기자의 메이크업, 헤어, 의상은 작품 속 캐릭터의 직업, 경제적 여건, 시대, 연령 등까지도 짐작하게 할 수 있는 중요한 요소인 것이다.

영상 작품에서 캐릭터를 담당하는 배우의 연기력뿐만 아니라 캐릭터를 극적으로 부각시키기 위한 시각적 이미지 효과를 여러 가지 요소로 나눌 수 있다.

먼저 헤어스타일과 특수 분장 및 메이크업, 의상, 소품 등을 적절히 활용하여 상황과 역할에 맞는 캐릭터를 시각화하는 데 도움을 줄 수 있다.

따라서 인물의 배경적 특성과 심리적 기능을 대신 표현해 줄 수 있는 기본적인 디자인 요소들에 대해 살펴보고 방법과 순서를 살펴보기도 한다.

6. 영상 메이크업의 순서와 방법

① 드라마 줄거리 요약물인 시놉시스를 잘 읽어 보면서 작품의 주제와 장르, 연출가의 기획의도, 등장인물, 인물간 관계도, 캐스팅 등을 사전에 파악한다.

② 매 회차별 대본을 잘 읽고 스토리를 살피면서 주인공과 주변인물 등 각각의 성격 특징, 신체 생리학적 특징, 인상학적 특징 등을 고려하며 분장 디자인을 머릿속에 구상하고 이후에는 일러스트레이션으로 디자인한다.

③ **실화, 실존 인물, 시대극, 사극:** 당시 역사적 상황과 사회문화적 특징, 정서와 이슈, 의복, 헤어스타일, 등을 자료로 정리하면서 스크랩한다.관련 동영상, 박물관, 잡지나 신문 가사, 이전 방송물 참조

④ 분장 재료와 도구를 준비하고 촬영 스케줄표에 따른 연기자들의 분장 스케줄표를 작성한다.

⑤ 방송 프로그램 촬영장에서 작업을 하고 수시로 모니터링하면서 수정 또는 보완한다. 모니터링–녹화 장면을 현장에서 보고 검토하는 일

⑥ 야외 촬영 이후, 스튜디오 녹화장에서 작업을 하면서 둘 사이의 분장 연결을 점검한다.

⑦ 방송물을 보면서 분장 디자인과 작업물과의 관련성을 점검하고 '작업일지'를 적는다.

7. TV 프로그램 제작 과정

1. 제작 3단계

TV 프로그램을 제작할 때는 그 종류와 성격에 따라 다양한 작업과 과정을 거쳐 완성되는데, 그 제작 과정을 3단계로 '기획, 제작, 그리고 후반 작업'으로 구분할 수 있다.

드라마의 경우, 독회讀會, 드라이 리허설dry rehearsal, 카메라 리허설camera rehearsal 또는 드레스 리허설dress rehearsal 등 연습 과정만 봐도 까다로울 수 있으나 제작 전반만 놓고 보면 기획에서 편집까지의 3단계가 텔레비전 제작을 이해하는 데 도움이 된다.

뉴스는 아나운서나 앵커의 예독豫讀은 있으나 리허설이나 후반 작업은 없고 대담 프로그램의 경우도 리허설이나 편집은 거의 없다. 특히 생방송인 경우는 더욱 그러하다.

그러나 드라마의 경우는 시퀀스sequence별로 녹화를 한다든지 야외 촬영분의 인서트insert가 많다든지 특수효과 추가 등을 위해 무엇보다 후반 작업이 중요해질 수도 있다.

(1) 기획

① 제작 아이디어

② 콘셉트concept 개발

③ 목표와 제작방안 수립

④ 대본 완성

⑤ 예산 수립

⑥ 제작팀 구성연출, 기술감독, 미술감독 등

⑦ 기획 회의

⑧ 출연자 섭외 및 확정casting

⑨ 제작 일정schedule 확정

(2) 제작촬영 및 녹화

제작은 크게 생방송과 녹화로 나눌 수 있다.

생방송은 사후 편집 없이 방송이 나가고 나면 모두 끝난다.

뉴스, 스포츠 중계, 행사 중계 등은 나가면 그만이지만 때로는 생방송하듯 한 프로그램을 처음부터 끝까지 순서대로 'live on tape' 녹화하는 방식도 있는데 대개 연속극soap opera, 게임 쇼, 토크 프로그램이 이런 식으로 제작된다.

① **드라마의 경우**: 연습독회–드라이 리허설–카메라 리허설–드레스 리허설/녹화

② **생방송**: 사전 계획 시간에 따라 시작되고 종료

(3) 후반 작업post production

① 스튜디오 철거

② **오디오 스위트닝**audio sweetening: 필요한 소리의 삽입, 더빙, 수정 등

③ 타이틀 편집 및 자막처리

④ 특수효과 삽입

⑤ 프로그램에 대한 평가

나중에 편집할 것을 감안하여 비디오 테이프에 수록한 프로그램은 반드시 편집이 필요하다.

편집시 연출자는 최종 완성 프로그램에 포함시킬 장면을 고르는 등 감독해야 하고 후반 작업은 완성된 장면들을 순서대로 연결하는 것처럼 간단한 경우도 있고 컴퓨터를 동원해야 할 만큼 복잡한 경우도 있다.

후반 작업의 가장 큰 장점은 연출자가 가장 자기 마음에 드는 샷과 연기를 선택할 수 있게 함으로써 보다 창조적 구성이 가능해진다는 점이다.

8. 제작 스태프Staff와 크루Crew

텔레비전 프로그램의 제작에 참여하는 사람들은 크게 출연자cast, talent와 제작진staff으로 구분되고 제작진은 다시 스태프와 크루crew 두 그룹으로 나눈다.

스태프는 제작팀에서 프로듀서, 연출자, 작가, AD, AP 등 창조적인 분야에서 일하는 사람을 칭하며 대부분 장비를 다루지 않는다.

크루는 기술감독, 음향 담당자, 촬영인 등 기재나 장비와 함께 일하는 사람들을 가리킨다.

(1) 제작 스태프staff

① 제작자Producer: 프로그램 제작 전반을 책임진다.

기획, 대본작성, 녹화, 편집에 이르기까지 최종적인 권한을 행사하며, 예산의 편성, 집행, 그리고 인력 관리까지 책임진다.

우리나라에서 흔히 사용되는 PD라는 용어는 일본의 NHK에서 제작자producer와 연출자director의 역할을 동시에 맡아서 하는 사람들을 부르는 호칭에서 유래한 것으로 영어권에서는 사용하지 않는 용어이다.

② 작가Scriptor 혹은 Scripter

작가는 방송용 대본을 집필하는 사람이다.

대부분의 드라마 작가는 작품을 완성해서 제작진에게 넘겨 주면 이후에는 거의 관여하지 않으며 다큐멘터리나 기타 프로그램의 작가들은 차음부터 제작이 끝날 때까지 제작진의 일원으로 깊이 관여하고 큰 영향을 미친다.

③ 연출자Director

프로그램 제작의 영상과 소리의 창조를 책임지는 사람으로, 출연자의 연기를 지도하고 기술 크루의 작업을 조정한다. 경우에 따라서는 온갖 작업을 동시에 조정하는 복잡하고 힘든 일을 한다.

촬영인, 음향담당자, 출연자 기타 제작에 관계된 스태프와 캐스트를 지휘 감독하고 미술이나 조명 디자인을 승인하는 일도 연출자의 소관 업무이다.

④ 조연출Assistant Director

조연출자는 연출자로 성장하기 위해 수업하는 과정이라고 볼 수 있다.

조연출자의 임무는 출연자, 카메라, 필름 자료 등 연출자를 위하여 모든 것을 준비시키는 것이다.

(2) 제작 크루Crew

① 기술 감독Technical Director

스위처switcher라고 부르는 대형 통제판버튼과 연결 앞이나, 연출자 옆에 앉아서 연출자의 지시에 따라서 화면 전환을 담당한다.

흔히 '비전 믹서vision mixer'라고도 하는데 기술 크루를 총괄한다.

기술 감독의 바, 기타 특수효과 장치의 조작에 의해서 다양한 영상을 창조하게 되므로 기술 감독은 제작 전반에 필요한 기술적 측면에 두루 익숙하고 스위칭 작업을 할때는 프로그램의 흐름에 맞는 리듬 감각을 필요로 한다.

② 음향 담당자Audio Engineer

소리audio를 책임지는 사람으로 스튜디오 마이크, 테이프 레코더, 턴테이블, 필름 및 비디오 테이프의 음향, 기타 외부로부터 들어오는 온갖 음향을 통제하는 오디오 콘솔 앞에서 일한다. 온갖 소리를 균형있게 배합하는 일을 담당한다.

③ 조명 감독Lighting Director

제작에 필요한 조명 계획을 세우고 실시하는 일을 맡는다.

조명은 텔레비전 제작에서 특히 절대적인 것이어서 연출자와 충분한 협의를 거쳐 프로그램의 무드와 톤을 살리도록 해야 한다.

조명감독은 스튜디오 천장에 달린 2백여 개의 온갖 조명기를 연출 플랜에 따라서 사전에 잘 조정해 두어야 한다.

④ 세트 디자이너Set Designer

세트 디자이너는 '미술 감독art director' 또는 '장면 디자이너scene designer'라고도 부른다. 주 업무는 프로그램의 물리적 환경을 꾸미는 일로 연출자와 조명 감독과의 긴밀한 협의하에 프로그램의 전체 디자인을 하게 된다.

디자이너의 업무는 세트의 설계로만 끝나지 않고 스튜디오 플로어와 벽에 세트를 설치할 때 이들을 감독해야 하며, 미술 감독은 세트 이외에도 소품, 분장, 의상 등 눈에 보이는 모든 것에 관심을 가지고 아이디어를 제공하고 진행 과정을 감독해야 한다.

미술감독은 기능인이 아닌 예술가이며 세트나 기타 미술 작업시 미적인 면과 기능적인 면을 동시에 고려해야 한다.

⑤ 무대 감독Floor Manager

'스테이지 매니저stage manager'라고도 부르는데 연극으로 치면 무대감독이다. 스튜디오에서 일어나는 일들은 모두 플로어 매니저의 책임이다.

연출자는 조정실에 있기 때문에 스튜디오의 진행사항을 일일이 체크할 수 없으며 출연자나 스태프에게 명령을 내릴 수도 없다.

즉 플로어 매니저는 인터컴intercom을 이용하여 연출자의 눈과 귀의 역할을 해야 한다.

헤드 세트를 통해 플로어 매니저와 연출자 사이에는 즉각 의사전달이 되므로 출연자에 대한 액션이나 대사 등 큐를 즉각 일러주는 것도 FM의 임무이다.

⑥ 촬영인Camera Operator

빙송할 때 카메라를 조작하는 사람이다.

스튜디오 카메라에는 페데스탈 위에 얹혀 있어서 앞뒤 좌우로 이동이 간편하다.

뷰 파인더view finder를 통하여 자기가 잡은 그림을 줄 수 있고 헤드 세트를 통해 디렉터의 지시를 들을 수 있다.

구도와 시각화에 빼난 재능이 있을수록 좋은 촬영인이 될 수 있다.

⑦ 미술팀이찬우(2016), 방송 제작 연출, 형설 아카데미

분장사, 미용사, 의상 담당자, 그래픽 아티스트, 소품, 작화 담당자들이 있다.

- 미술 감독Art Director: 방송 제작과 관련되는 미술 전반 책임자
  세트 디자이너가 겸하며 대도구, 소도구, 의상, 분장, 특효팀 등을 지휘하고 감독한다
- 세트 디자이너: 프로그램에 맞는 세트를 디자인하고 대도구의 제작과 철거를 지휘·감독한다.
- 대도구 담당: 세트에서 규모가 큰 구조물의 제작을 담당한다.
- 소도구 담당: 가구, 주방, 기구 등 비교적 작은 소품을 담당한다.

⑧ 텔레비전 스튜디오

스튜디오의 규모는 몇 십평의 소규모에서 몇 백 평짜리 규모의 것까지 다양하다.

스튜디오는 조정실control room과 스튜디오 플로어studio floor로 나뉜다.

조정실은 제작을 지휘하고 각종 기기를 통제하는 중추신경 센터이고 스튜디오 플로어는 제작 행위를 행하는 곳이다.

드라마 실내 스튜디오	조명과 세트
	KBS 여의도 별관 드라마 스튜디오

드라마 야외 촬영장	모니터링monitoring
	화면 앵글과 조명, 연기자들의 동선과 표정, 대사 등 촬영 장면을 점검하는 모습

드라마 야외 촬영장	모니터링 화면
	연기자의 C.U클로즈 업, TBSTight Bust Shot, W.SWaist Shot 앵글시 메이크업 상태와 헤어스타일을 점검해야 한다.

교양 프로그램 야외 촬영장	크레인crane
	• 촬영 장비인 크레인crane: 상승, 좌우 회전 및 이동을 할 수 있는 대형 카메라 적재 장치 • 야외 촬영용 조명기스탠드 위에 장착 와 반사판Reflector:보조광fill light 으로 사용하기 위한 판

교양 프로그램 스튜디오 녹화장	스튜디오 카메라
	• 실내 촬영이나 녹화 현장에서 사용되는 스튜디오 전용 카메라 • 다수의 카메라가 있으며 렌즈와 장착장치페데스탈, 트라이 팟, 크레인 에서 야외 촬영용 카메라와 차이가 있다.

스튜디오 녹화장	조명
	스튜디오 녹화장 천장에는 수많은 조명이 달려 있다.

참고 문헌

- 국승채, "한국과 일본의 화장 문화 비교연구 :여성잡지의 메이크업을 중심으로", 건국대학교 대학원 박사학위논문, 2017.
- 권구정 외, "MAKE UP ICON", 청구문화사, 2006.
- 김경영 외, "에센스 화장품학(개정판)", 메디시언, 2013.
- 김남희, 오인영, "동안(童顔)열풍이 메이크업 트렌드 변화에 미친 영향", 한국메이크업디자인학회지, Vol.5 No.1, 2009.
- 김영인, "한국여성의 색조화장", 도서출판 국제, 2004.
- 김옥연 외 7인, "NEW 미용문화사", 메디시언, 2016.
- 김유정 외, "피부미용학", 구민사, 2014.
- 김은희 외, "베이직 메이크업", 교문사, 2012.
- 김해남, "기초 피부미용학", 정담미디어, 2013.
- 김희숙, 이선경, 조신현, 문장은, "스타일 메이킹", 교문사, 2018.
- 박은경, "2010년대 나타난 레트로 패션의 특성", 한국 패션디자인 학회지 제 19권 1호, 2019.
- 배용진, 장남용, 전보경, "패션& 뷰티 코디네이션을 위한 색채 15강", 지구문화, 2018.
- 신단주, "메이크업 아티스트가 되는 길", 삶과 문화, 2002.
- 심길중, "텔리비전 제작론", 한울 아카데미, 1996.
- 오세희, "Style Make-up", 성안당, 2005.
- 오인영, "방송 영상 메이크업", 훈민사, 2019.
- 오인영, 이숙연, 강근영, 류지원, "메이크업 디자인 Advanced", 훈민사, 2009.
- 오인영, 임유경, "무대와 영상을 위한 캐릭터 메이크업 디자인", 훈민사, 2011.
- 이강미 외, "메이크업 베이직', 구민사, 2014.
- 이강미 외, "메이크업 베이직", 구민사, 2014.
- 이병철 외16인, "피부미용 고객상담", 메디시언, 2015.
- 이숙연 외, "미용서비스론", 청구문화사, 2008.
- 이숙연, "로마시대 미용문화에 대한 고찰", 충청대학 논문집, 2001.
- 이숙연, "이탈리아 르네상스 회화에 나타난 MAKE-UP의 특성에 관한 연구", 중앙대학교 예술대학원 석사학위논문, 2005.
- 이재남 외, "기초 피부관리학", 구민사, 2014.
- 이지영 외 3인, "기본메이크업", 청구문화사, 2017.
- 이찬우, "방송 제작 연출, 형설 아카데미", 2016.
- 이혜성 편저, "Make-up Design", 현문사, 2003.
- 정혜신, 최지현, "명품 피부를 망치는 42가지 진실", 위즈덤스타일, 2013.

- “Runway”, 2020 SS Collection Book(보그 한국판) 제24권, 2019년 12월, Vogue.co.kr
- Elle, 2019, 12월호(미국)
- Francesca Tolot, “One Woman 100 Faces”, Goodman, 2013.
- Marie Claire(Korea) “Spring & Summer Fashion Show”, 동아출판사, 2020.
- NCS 학습모듈 〈메이크업 디자인 개발〉
- Vogue, 2019, 11월호(독일)
- Vogue, 2019, 11월호(프랑스)
- Vogue, 2019, 12월호(독일)
- http://blog.daum.net/ansankim/9337038
- http://jamienelsonphoto.blogspot.com/2017/05/eva-hooft-extreme-glossy-makeup-lips.html
- http://www.homolaicus.com/storia/antica/grecia/grecia_classica/donna1.htm
- http://www.jinhyang.com/Fragrances/3446
- http://www.pilloledistoria.it/2195/storia-antica/bellezza-femminile-nellantica-grecia-trucco-degli-occhi
- http://www.spaziodi.it/magazine/n0609/vd.asp?id=1952
- https://en.wikipedia.org/wiki/2010s
- https://it.wikipedia.org/wiki/Anni_2010
- https://www.google.co.kr
- https://www.maccosmetics.co.kr/product/20158/71412/makeup/extra-dimension-skinfinish-lunar-illusions
- https://www.maccosmetics.co.kr/product/20158/71412/makeup/extra-dimension-skinfinish-lunar-illusions2020-03-11
- https://www.shutterstock.com/ko/home

찾아 보기

인명

INDEX

ㄱ

ㄴ

ㄷ

ㄹ

ㅁ

ㅈ

ㅊ

ㅋ

ㅌ

ㅍ

ㅎ

메이크업의 모든 것

ALL ABOUT MAKEUP

NCS 적용교육

2020년 4월 10일 초판 인쇄
2020년 4월 15일 초판 발행

저 자 강근영 · 류지원 · 오인영 · 이숙연
발행인 주병오 · 주민기
발행처 메디시언
경기도 파주시 회동길 209
파주출판문화도시
마케팅부 (031) 955－7566 · 7577
편집부 (031) 955－7731
FAX (031) 955－7730
독자의견 전화 (031) 955－7577
홈페이지 www.ji-gu.co.kr
이메일 jigupub@hanmail.net
등록번호 2005년 2월 16일
제 406－2005－000045호

ISBN 979－11－86739－98－3 값 28,000원

책은 사람을 만들고
사람은 책을 만든다.